JN015595

実例満載 Word&Excelでできる

営業・経理・総務で すぐに使える ビジネス書類 のつくり方

Word & Excel
2019/2016/2013対応

実例満載 Word&Excelでできる

営業・経理・総務ですぐに使える ビジネス書類 のつくり方

Word & Excel
2019/2016/2013対応

Chap 1 営業・販売部門で使う書類

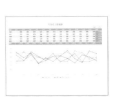

Chap 2 業務・生産管理部門で使う書類

 Chap 3 経理・人事・総務部門で使う書類

デスク周りで使う書類

ワードの基本操作

エクセルの基本操作

図形の基本操作

作例書類のつくり方

サンプル書類の解説とポイントを紹介！

本書の使い方

使いたい作例を探す

本書の作例ページは、つくりたい書類や知りたい操作がすぐにわかるようになっています。作例をつくるにあたってのポイントとなる箇所には、該当する操作の手順を掲載しているページ数が表記してありますので、そのページを参照すれば、つくり方がすぐにわかります。なお、本書ではWindows 10 とワード 2019、エクセル 2019 の環境で解説しています。

作例タイトル
つくりたい作例がすぐに見つかるように、具体的なタイトルを付けてあります。

作例のファイル名
作例ページで紹介している書類は、すべて付属CD-ROMに収録しています。

やってみよう
作例で使用している重要な機能です。右側ページで解説しています。

やってみよう 操作解説
左ページの「やってみよう」の操作解説です。

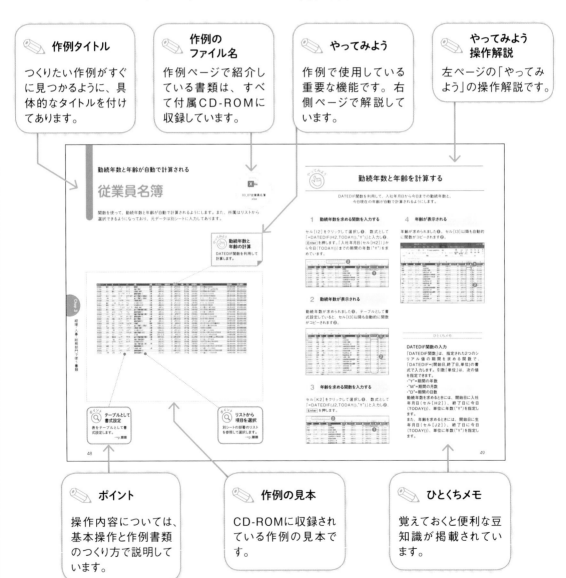

ポイント
操作内容については、基本操作と作例書類のつくり方で説明しています。

作例の見本
CD-ROMに収録されている作例の見本です。

ひとくちメモ
覚えておくと便利な豆知識が掲載されています。

基本操作と作例のつくり方を知る

基本的な操作や機能を解説した「ワードの基本操作」と「エクセルの基本操作」、「図形の基本操作」、そして収録されている作例のつくり方を細かく解説した「作例書類のつくり方」で実際の書類がつくれます。

 項目

操作内容、種類がひと目でわかるようになっています。各項目に番号が付いているので、参照するときに便利です。

 操作解説

ワード 2019、エクセル 2019をベースにした解説です。本文と画面上の番号を対応させ、操作する位置がわかるようにしています。

 作例参照ページ

その操作を使用している作例を紹介しています（すべてではありません）。

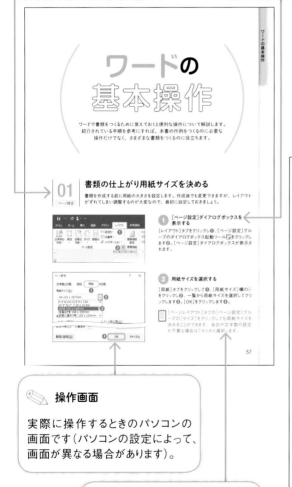

操作画面

実際に操作するときのパソコンの画面です（パソコンの設定によって、画面が異なる場合があります）。

メモやワンポイントアドバイス

項目の補足事項や覚えておくと便利な豆知識などを掲載しています。

作例のファイルをパソコンにコピーして使おう!

CD-ROMの使い方

CD-ROMの収録内容を確認する

収録データは、ワードやエクセルに取り込んで自由にご利用いただけます。なお、CD-ROMから直に読み込んだデータを変更して保存する場合には、そのままでは上書き保存ができません。保存場所を変えて保存してください(p.10 参照)。

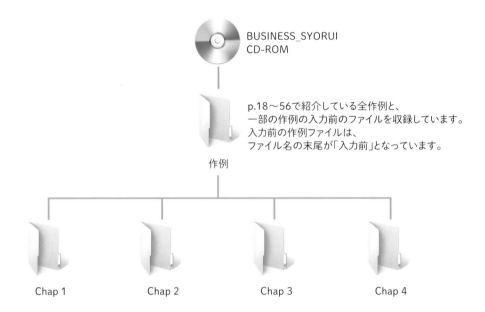

BUSINESS_SYORUI
CD-ROM

p.18〜56で紹介している全作例と、
一部の作例の入力前のファイルを収録しています。
入力前の作例ファイルは、
ファイル名の末尾が「入力前」となっています。

作例

Chap 1   Chap 2   Chap 3   Chap 4

注意事項

CD-ROM をご利用になる前にお読みください

[付属CD-ROM について]
・本書付属のCD-ROM は、Word 2019/2016/2013およびExcel 2019/2016/2013用です。それ以外のバージョンの動作は保証しておりません。
・本書付属のCD-ROM に収録されているデータは、お客さまのパソコンのフォント環境によっては、正しく表示・印刷されない場合があります。
・本書付属のCD-ROM に収録されているデータは、お手持ちのプリンターによっては、印刷時に設定の調整が必要になる場合があります。また、本書に掲載されている見本の色調と異なる場合があります。
・本書付属のCD-ROM に収録されているデータを使用した結果生じた損害は、(株)技術評論社および著者は一切の責任を負いません。

[収録データの著作権について]
・CD-ROM に収録されたデータの著作権・商標権は、すべて著者に帰属しています。
・CD-ROM に収録されたデータは、個人で使用する場合のみ利用が許可されています。個人・商業の用途にかかわらず、第三者への譲渡、賃貸・リース、伝送、配布は禁止します。
・Microsoft、Windows は米国およびその他の国における米国Microsoft Corporation の登録商標です。

CD-ROMから作例データをコピーする

お使いのパソコンのドライブに付属のCD-ROMをセットし、使用したい作例のファイルやフォルダーをデスクトップにコピーします。CD-ROMから直接ワードまたはエクセルに読み込んだ場合は、上書き保存ができません。必ずデスクトップにコピーしてから使うようにしましょう。

1 CD-ROMをセットする

CD-ROMをパソコンのドライブにセットします。メッセージをクリックします❶。

📋 自動再生されない場合は、エクスプローラーのウィンドウで［PC］をクリックし、CD/DVDドライブのアイコンをダブルクリックします。

2 CD-ROMのフォルダーを表示する

［フォルダーを開いてファイルを表示］を選択してクリックします❶。

3 使用したい作例を選択する

CD-ROMの内容が表示されるので、使いたいファイルが入っているフォルダー（p.8参照）を順次ダブルクリックします❶。各作例紹介ページに掲載してあるファイル名をもとに、使いたいファイルを探しましょう。

4 作例をデスクトップにコピーする

コピーしたいファイルまたはフォルダーをクリックし❶、パソコンのデスクトップへドラッグ＆ドロップします❷。デスクトップにファイルまたはフォルダーがコピーされ、アイコンが表示されます。

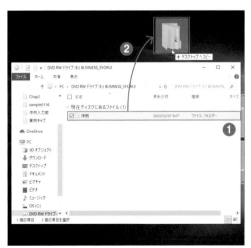

作例にひと手間加えてオリジナルの書類をつくろう！

作例の使い方

作例ファイルを開いて名前を付けて保存する

パソコンにコピーした作例を開いて書類をつくりましょう。編集したら、ファイルに名前を付けて保存します。ここではワードで解説していますが、エクセルの場合も同様の操作で行えます。

1 ファイルを開く

フォルダーごとデスクトップにコピーした場合は、目的の作例が入ったフォルダーを開きます。ファイルを開くには、目的のファイルをダブルクリックします❶。

2 ファイルが表示された

ファイルが開いて表示されます。ファイルを保存するには、[ファイル]タブをクリックします❶。

> 同じフォルダーに同じファイル名で編集後のファイルを保存する場合は、クイックアクセスツールバーの[上書保存]をクリックします。

3 [名前を付けて保存] ダイアログボックスを表示する

[名前を付けて保存]をクリックし❶、保存先をクリックします❷。

4 ファイルを保存する

保存先のフォルダーを指定し❶、ファイル名を入力して❷、[保存]をクリックします❸。

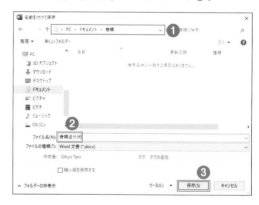

5 ファイルを閉じる

ファイルを閉じるには、ウィンドウ右上の[閉じる]をクリックします❶。

プレビューを確認してからファイルを印刷する

ファイルを印刷する場合は、はみ出しなどがないか、印刷プレビューで確認してから印刷を実行しましょう。ここではワードで解説していますが、エクセルの場合も同様の操作で行えます。

 印刷プレビューを表示する

[ファイル]タブをクリックして、[印刷]をクリックすると❶、右側に印刷プレビューが表示されるので確認します❷。

2 **印刷を実行する**

[部数]欄に印刷部数を入力し❶、[印刷]をクリックします❷。

 ワンポイントアドバイス

複数ページの文書の場合は、印刷プレビュー左下にページ番号が表示されるので、◀や▶をクリックしてページを移動できます。また、ワードの場合は印刷プレビュー右下にズームスライダーが表示されるので、スライダーをドラッグして拡大/縮小できます。

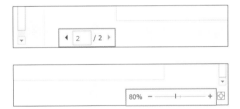

 ワンポイントアドバイス

本書では、すべてのファイルの拡張子を表示する設定にしています。「拡張子」とは、ファイルの種類を識別するために、ファイル名のあとに付けられる文字列のことで、「.(ピリオド)」で区切られます。
Wondows 10で拡張子を表示するには、エクスプローラーの[表示]タブをクリックし、[ファイル名拡張子]をオンにします。

これだけわかればすぐに使える！
ワードとエクセルの基本

ワードの基本的な画面構成

本書では、ワードの画面の各部位を下のような呼び名で説明しています。操作でわからなくなったら、ここで確認しましょう。

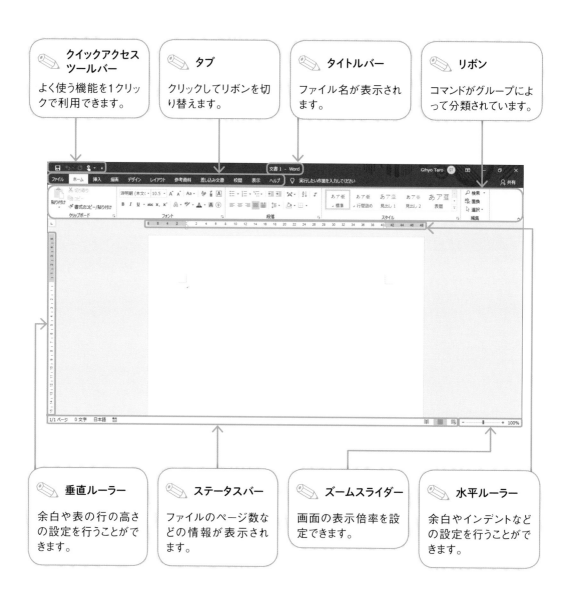

クイックアクセスツールバー
よく使う機能を1クリックで利用できます。

タブ
クリックしてリボンを切り替えます。

タイトルバー
ファイル名が表示されます。

リボン
コマンドがグループによって分類されています。

垂直ルーラー
余白や表の行の高さの設定を行うことができます。

ステータスバー
ファイルのページ数などの情報が表示されます。

ズームスライダー
画面の表示倍率を設定できます。

水平ルーラー
余白やインデントなどの設定を行うことができます。

エクセルの基本的な画面構成

本書では、エクセルの画面の各部位を下のような呼び名で説明しています。

✎ **行番号**

行の位置を示す数字を表示しています。

✎ **タブ**

クリックしてリボンを切り替えます。

✎ **数式バー**

選択されているセルの値または数式が表示されます。

✎ **クイックアクセスツールバー**

よく使う機能を1クリックで利用できます。

✎ **タイトルバー**

ファイル名が表示されます。

✎ **リボン**

コマンドがグループによって分類されています。

✎ **シート見出し**

シートの名前が表示されます。クリックして表示するシートを切り替えます。

✎ **ステータスバー**

現在の処理の状態や、選択しているセルの数値の合計値などが表示されます。

✎ **ズームスライダー**

画面の表示倍率を設定できます。

✎ **列番号**

列の位置を示すアルファベットを表示しています。

リボンを切り替える

「リボン」には、操作を行う「コマンド」がまとめられています。リボンの「タブ」をクリックすることで、表示を切り替えます。

1 タブをクリックする

タブをクリックします❶。

2 リボンが切り替わる

リボンが切り替わります。

 ワンポイントアドバイス

リボンの表示は、ウィンドウの横幅によって異なります。横幅が小さい場合は、アイコンが小さくなったり、文字の表示がなくなったり、グループボタンだけが表示されたりします。

 ワンポイントアドバイス

タブは、作業内容に応じて変わります。たとえば、図形を選択すると[描画ツール]の[書式]タブが、画像を選択すると[図ツール]の[書式]タブが表示されます。

リボンのタブだけを表示する

画面の作業領域をなるべく広くしたい場合は、リボンのタブだけを表示させることができます。タブのみを表示した場合は、タブをクリックするとコマンドが表示され、目的のコマンドをクリックすると、自動的にコマンドが隠れます。

1 リボンを折りたたむ

リボン右下の⌃をクリックします❶。

2 タブだけが表示される

リボンが折りたたまれ、コマンドが非表示になり、タブだけが表示されます。タブをダブルクリックすると、表示が元に戻ります。

ダイアログボックスを表示する

リボンに表示されているコマンドでは行えない詳細な設定は、ダイアログボックスを利用します。

1 ダイアログボックス起動ツールを
クリックする

各グループ名の右下にあるダイアログボックス
起動ツール🔲をクリックします❶。

2 ダイアログボックスが表示される

ダイアログボックスが表示されます。設定を変
更して、[OK]をクリックして閉じます❶。

💡 **ワンポイントアドバイス**

[描画ツール]の[書式]タブの[図形
のスタイル]グループのように、ダイ
アログボックス起動ツール🔲をクリッ
クすると、ウィンドウが表示されるも
のもあります。

ワードやエクセルの環境設定を行う

ワードやエクセルを使いやすくカスタマイズするには、[ファイル]タブの[オプション]をクリックする
と表示される[Wordのオプション]ダイアログボックスまたは[Excelのオプション]ダイアログボック
スを利用します。

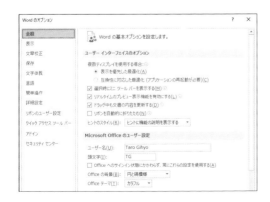

書類の作例とポイント

ここでは付属のCD-ROMに収録されている書類と、
書類をつくる際のポイントを紹介します。自分の使いたい書類を
探し、ポイントの解説にしたがって、実際にデータを
入力したり、加工したりしてみましょう。

基本的なビジネス文書

書類送付状

01_01書類送付状
.docx

送付する書類の項目は、行頭に記号を付けた箇条書きにすると、わかりやすくなります。
会社情報などのよく利用する内容は、登録しておくとかんたんに挿入できます。

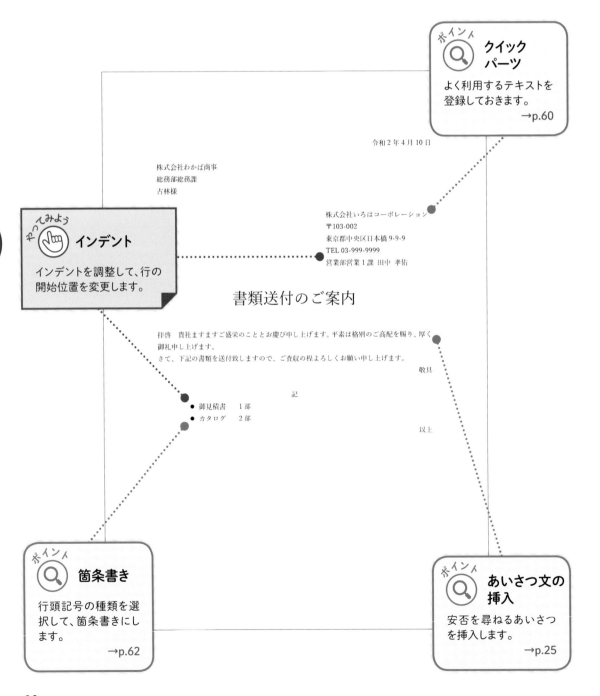

ポイント クイックパーツ
よく利用するテキストを
登録しておきます。
→p.60

やってみよう インデント
インデントを調整して、行の
開始位置を変更します。

ポイント 箇条書き
行頭記号の種類を選
択して、箇条書きにし
ます。
→p.62

ポイント あいさつ文の挿入
安否を尋ねるあいさつ
を挿入します。
→p.25

令和 2 年 4 月 10 日

株式会社わかば商事
総務部総務課
古林様

株式会社いろはコーポレーション
〒103-002
東京都中央区日本橋 9-9-9
TEL 03-999-9999
営業部営業 1 課 田中 孝佑

書類送付のご案内

拝啓　貴社ますますご盛栄のこととお慶び申し上げます。平素は格別のご高配を賜り、厚く
御礼申し上げます。
さて、下記の書類を送付致しますので、ご査収の程よろしくお願い申し上げます。

敬具

記

● 御見積書　　1部
● カタログ　　2部

以上

インデントを設定する

ルーラーに表示されるインデントマーカーをドラッグすると、
行の開始位置やぶら下げ位置などを変更することができます。

① ルーラーを表示する

[表示] タブをクリックし❶、[表示] グループの [ルーラー] をオンにします❷。

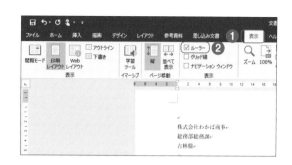

② インデントを変更する段落を選択する

インデントを変更する段落をドラッグして選択し❶、ルーラーの左インデントマーカー□にマウスポインターを合わせます❷。

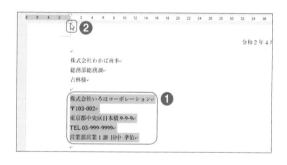

③ 行の開始位置を変更する

左インデントマーカーを目的の位置までドラッグします❶。

インデントマーカーの利用

ルーラー上部に表示されるインデントマーカーには、次の4種類があり、それぞれドラッグして位置を変更できます。

1行目のインデント▽	段落の1行目の開始位置を示します。
ぶら下げインデント△	段落の2行目以降の開始位置を示します。
左インデント□	段落の左端の位置を示します。
右インデント△	段落の右端の位置を示します。

ひとくちメモ

グラフでデータを見やすくする

売上管理表

01_02売上管理表
.xlsx

数値を表で並べるだけよりも、グラフを利用したほうが視覚的にわかりやすくなります。
エクセルでは、数値を入力した表を元に、グラフの種類を選択するだけで作成できます。

ポイント

**テーブルとして
書式設定**

見出しや集計行・列をわ
かりやすくします。
→p.104

Chap 1

営業・販売部門で使う書類

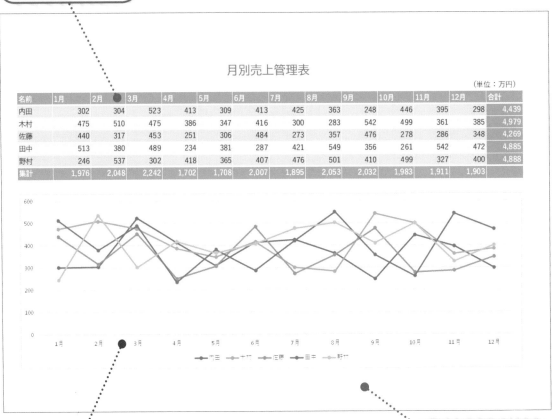

月別売上管理表

(単位:万円)

名前	1月	2月	3月	4月	5月	6月	7月	8月	9月	10月	11月	12月	合計
内田	302	304	523	413	309	413	425	363	248	446	395	298	4,439
木村	475	510	475	386	347	416	300	283	542	499	361	385	4,979
佐藤	440	317	453	251	306	484	273	357	476	278	286	348	4,269
田中	513	380	489	234	381	287	421	549	356	261	542	472	4,885
野村	246	537	302	418	365	407	476	501	410	499	327	400	4,888
集計	1,976	2,048	2,242	1,702	1,708	2,007	1,895	2,053	2,032	1,983	1,911	1,903	

やってみよう

グラフの作成

数値の変化を折れ線グラフ
で示します。

ポイント

**用紙を
横向きに設定**

用紙の向きを横向きに
設定します。
→p.71

やってみよう

グラフを作成する

数値を入力した表を利用して、グラフを作成します。
ここでは、マーカー付き折れ線グラフを作成する方法を解説します。

1 [グラフの挿入]ダイアログボックスを表示する

グラフにするデータ範囲をドラッグして選択し❶、[挿入]タブをクリックして❷、[グラフ]グループのダイアログボックス起動ツール🔲をクリックします❸。

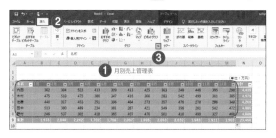

2 グラフの種類を選択する

[すべてのグラフ]タブをクリックして❶、[折れ線]をクリックし❷、[マーカー付き折れ線]をクリックして❸、目的のグラフをクリックし❹、[OK]をクリックします❺。

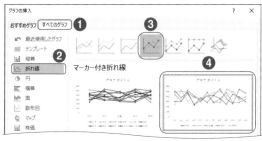

ひとくちメモ

[おすすめグラフ]の利用

[グラフの挿入]ダイアログボックスの[おすすめグラフ]タブから目的のグラフを選択できます。

---

3 グラフを移動する

グラフが作成されます。グラフにマウスポインターを合わせ、🐾になったらドラッグして❶、グラフを移動します。

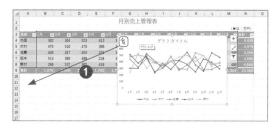

4 グラフのサイズを変更する

グラフの右下のハンドルにマウスポインターを合わせ、🐾になったらドラッグして❶、サイズを変更します。

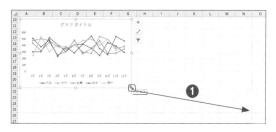

5 グラフタイトルを非表示にする

グラフ右上の[グラフ要素]をクリックして❶、[グラフタイトル]をオフにし❷、グラフタイトルを非表示にします。

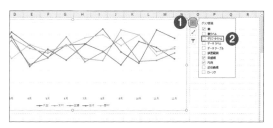

かんたんなデータベース

営業顧客名簿

01_03営業顧客名簿
.xlsx

データベースは、表記などを統一し、効率的に入力できることが重要です。ふりがなが自動で表示されるようにしたり、「性別」をリストから選択できるようにしたりします。

ポイント

表示形式の設定

「0001」と表示されるようにします。

→p.80

ポイント

ヘッダー・フッター

各ページに日付や文字、ページ数が印刷されるようにします。

→p.105

ポイント

見出しの印刷

2ページ目以降も見出しが印刷されるようにします。

→p.91

2020/1/8　　　　　　　　　　営業顧客名簿

顧客番号	姓	名	セイ	メイ	性別	生年月日	郵便番号	住所1（都道府県〜番地）	住所2（建物名・部屋番号）	電話番号
0001	太田	正幸	オオタ	マサユキ	男性	1972/6/14	745-0856	山口県周南市浦山9-9-9		0834-22-9999
0002	松田	涼	マツダ	リョウ	男性	1948/6/19	635-0012	奈良県大和高田市曙町9-9-9		0745-52-9999
0003	森嶋	妙子	モリシマ	タエコ	女性	1965/7/24	211-0063	神奈川県川崎市中原区小杉町9-9-9	小杉タワー909	044-744-9999
0004	重野	紗代	シゲノ	サヨ	女性	1970/1/14	916-0075	福井県鯖江市漆原町9-9-9		0778-62-9999
0005	恩田	智明	オンダ	トモアキ	男性	1980/2/2	857-0431	長崎県佐世保市浅子町9-9-9		0956-68-9999
0006	後藤	さやか	ゴトウ	サヤカ	女性	1992/3/18	907-0242	沖縄県石垣市白保9-9-9		0980-86-9999
0007	中原	裕太	ナカハラ	ユウタ	男性	1981/1/20	517-0703	三重県志摩市志摩町和具9-9-9		0599-85-9999
0008	市川	みのり	イチカワ	ミノリ	女性	1995/5/31	583-0876	大阪府羽曳野市伊賀9-9-9		072-952-9999
0009	酒井	圭史	サカイ	ケイシ	男性	1962/5/9	028-0516	岩手県遠野市鶴町9-9-9		0198-62-9999
0010	若林	靖幸	ワカバヤシ	ヤスユキ	男性	1995/3/19	999-6711	山形県酒田市飛鳥9-9-9		0234-52-9999
0011	岩田	康江	イワタ	ヤスエ	女性	1973/7/7	920-0907	石川県金沢市青草町9-9-9		076-232-9999
0012	桐山	研吾	キリヤマ	ケンゴ	男性	1994/10/22	452-0901	愛知県清須市阿原9-9-9		052-400-9999
0013	影山	美帆	カゲヤマ	ミホ	女性	1992/6/22	181-0013	東京都三鷹市下連雀9-9-99		0422-70-9999
0014	高木	祐也	タカギ	ユウヤ	男性	1980/3/31	330-0843	埼玉県さいたま市大宮区吉敷町9-9-9	新都心レジデンス909	048-643-9999
0015	平岡	健太郎	ヒラオカ	ケンタロウ	男性	1961/4/3	629-2523	京都府京丹後市大宮町三坂9-9-9		0772-64-9999
0016	新谷	有希	シンタニ	ユキ	女性	1985/11/28	272-0138	千葉県市川市南行徳9-9-9	パークハイツ909	047-359-9999
0017	堀	香織	ホリ	カオリ	女性	1996/12/24	400-0403	山梨県南アルプス市鮎沢9-9-9		055-282-9999
0018	鎌田	和之	カマタ	カズユキ	男性	1975/12/6	521-1346	滋賀県近江八幡市安土町香庄9-9-9		0748-46-9999
0019	渡辺	香苗	ワタナベ	カナエ	女性	1991/2/12	761-4142	香川県小豆郡土庄町屋形崎9-9-9		0879-65-9999
0020	奥山	千夏	オクヤマ	チカ	女性	1964/1/8	781-8135	高知県高知市一宮南町9-9-9		088-845-9999
0021	藤本	美和	フジモト	ミワ	女性	1979/10/27	799-3121	愛媛県伊予市稲荷9-9-9		089-982-9999
0022	須貝	真希	スガイ	マキ	女性	1978/5/14	017-0886	秋田県大館市幡9-9-9		0186-42-9999
0023	宇佐美	渉	ウサミ	ワタル	男性	1983/6/14	329-3443	栃木県那須塩原市戸野9-9-9		0287-72-9999
0024	北本	真人	キタモト	マサト	男性	1975/7/18	965-0007	福島県会津若松市飯盛9-9-9		0242-28-9999
0025	下谷	充希	シモヤ	ミツキ	女性	1987/10/6	684-0023	鳥取県境港市京町9-9-9		0859-44-9999
0026	内田	修一	ウチダ	シュウイチ	男性	1982/6/15	162-0842	東京都新宿区市谷砂土原町9-9-9	スカイタワー市ヶ谷909	03-9999-9999
0027	高田	拓真	タカダ	タクマ	男性	1992/12/12	037-0074	青森県五所川原市岩木町9-9-9		0173-35-9999
0028	川端	公平	カワバタ	コウヘイ	男性	1997/8/2	722-0011	広島県尾道市桜町9-9-9		0848-38-9999
0029	津島	郁	ツシマ	イク	女性	1988/6/27	959-2604	新潟県胎内市大出9-9-9		0254-46-9999
0030	三浦	恭子	ミウラ	キョウコ	女性	1970/8/31	658-0052	兵庫県神戸市東灘区住吉東町9-9-9	レジデンス神戸909	078-841-9999
0031	田中	千春	タナカ	チハル	女性	1989/9/11	710-0833	岡山県倉敷市西中新田9-9-9	ハイツ倉敷909	086-426-9999
0032	石川	真輔	イシカワ	シンスケ	男性	1966/7/15	874-0005	大分県別府市天間9-9-9		0977-67-9999

1/2 ページ

番号	電話番号
	092-324-0425
	088-687-1119
	022-206-9999
	076-474-9999
	0138-55-9999
	0982-54-9999
	0467-25-9999
	0267-62-9999

2/2 ページ

ポイント

ふりがなの表示

名前の読みが自動で表示されるようにします。

→p.86

やってみよう

リストから項目を選択

ドロップダウンリストから入力できるようにします。

ドロップダウンリストを設定する

「性別」は、「データの入力規則」を利用して、
ドロップダウンリストから「男性」または「女性」を選択できるようにします。

1 [データの入力規則]ダイアログ ボックスを表示する

セル[F2]をクリックして選択し❶、[データ]タブをクリックして❷、[データツール]グループの[データの入力規則]をクリックします❸。

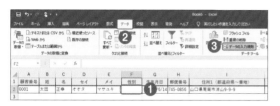

2 入力規則の種類を選択する

[設定]タブをクリックして❶、[入力値の種類]の∨をクリックし❷、[リスト]をクリックします❸。

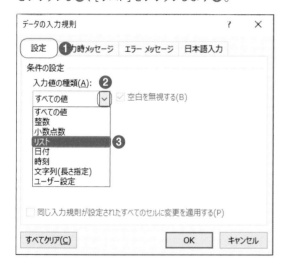

3 リストの元の値を設定する

[ドロップダウンリストから選択する]がオンになっていることを確認し❶、[元の値]欄に「男性,女性」と入力して❷、[OK]をクリックします❸。

4 ドロップダウンリストから入力する

セル[F2]を選択すると表示される▼をクリックすると❶、ドロップダウンリストが表示されるので、項目を選択します❷。

ひとくちメモ

入力値の種類の設定

[データの入力規則]ダイアログボックスの[設定]タブの[入力値の種類]では、[リスト]のほかにも、整数や日付、文字列などを設定することができます。選択した入力値の種類によって、その下の設定できる項目が変わります。たとえば、「2020年1月1日から2022年12月31日までの日付」や、「1000以上の整数」、「10文字以下の文字列」といった入力規則を設定できます。

時候のあいさつ文を入れる

製品案内状

01_04製品案内状.docx

社外向けの案内状には、時候のあいさつを入れるのがマナーです。Wordでは、月に合った時候のあいさつをかんたんに挿入できます。

やってみよう あいさつ文

季節に合った時候のあいさつを挿入します。

令和2年5月1日

販売店各位

株式会社かえでフード
販売部　田崎 麻友

新商品「サステナビリティ・チョコレート『エーブル』」のご案内

拝啓　薫風の候、貴社ますますご清祥のこととお慶び申し上げます。平素はひとかたならぬ御愛顧を賜り、厚く御礼申し上げます。

さて、このたび弊社では、「サステナビリティ・チョコレート『エーブル』」を発売することとなりました。

この製品は、カカオやパーム油といった原材料の持続可能性に配慮し、パッケージも再生紙を利用しています。また、従来の製品にくらべ、カカオ本来の風味とくちどけのよさが一層増しております。

つきましては、誠に勝手ながら商品とパンフレットを同封させていただきますので、ぜひご検討のほどよろしくお願い申し上げます。

敬具

<お問い合わせ先>
株式会社かえでフード
販売部
〒112-0004　東京都文京区後楽 9-9-9
TEL　03-9999-9999
http://www.xxxxxxx.co.jp
info@ xxxxxxx.co.jp

ポイント 段落の間隔

段落後の間隔を変更します。

→p.61

ポイント リンクの下線を削除

URLやメールアドレスに自動的に表示される下線を削除します。

→p.59

時候や感謝のあいさつ文を挿入する

Wordでは、月ごとの時候のあいさつをかんたんに挿入できます。
また、安否のあいさつや感謝のあいさつも、多くの文例が用意されています。

1 あいさつ文を挿入する位置を指定する

あいさつ文を挿入する位置にカーソルを移動し❶、
［挿入］タブをクリックします❷。

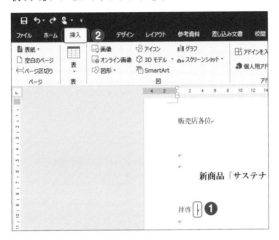

2 ［あいさつ文］ダイアログボックスを表示する

［テキスト］グループの［あいさつ文］をクリックし❶、
［あいさつ文の挿入］をクリックします❷。

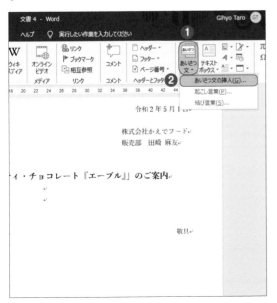

3 月を選択する

［月のあいさつ］の▽をクリックして❶、［5］をクリック
します❷。

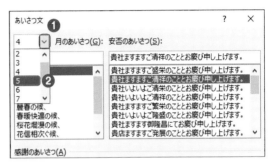

4 あいさつを選択する

［月のあいさつ］の下の欄で［薫風の候、］をクリック
して❶、［安否のあいさつ］で［貴社ますますご清祥
のこととお慶び申し上げます。］をクリックし❷、［感
謝のあいさつ］で［平素はひとかたならぬ御愛顧を
賜り、厚く御礼申し上げます。］をクリックして❸、
［OK］をクリックします❹。あいさつ文が挿入されま
す。

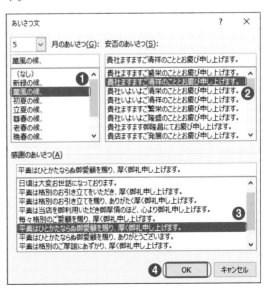

商品番号と数量を入力すると金額が自動で計算される

見積書

01_05見積書.xlsx

商品番号を入力すると、該当する商品名と単価が自動で入力されます。
また、数量を入力すると、各項目の金額と消費税額、合計が自動で計算されます。

Chap 1

営業・販売部門で使う書類

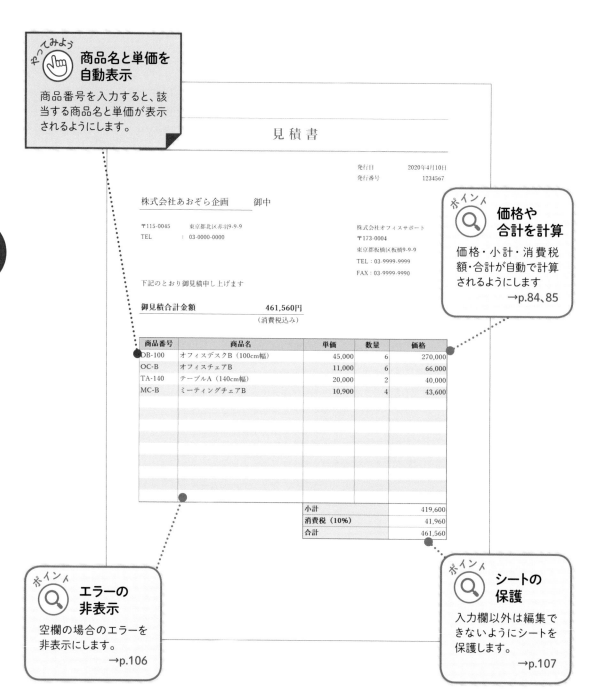

やってみよう　商品名と単価を自動表示

商品番号を入力すると、該当する商品名と単価が表示されるようにします。

ポイント　価格や合計を計算

価格・小計・消費税額・合計が自動で計算されるようにします
→p.84、85

ポイント　エラーの非表示

空欄の場合のエラーを非表示にします。
→p.106

ポイント　シートの保護

入力欄以外は編集できないようにシートを保護します。
→p.107

見 積 書

発行日	2020年4月10日
発行番号	1234567

株式会社あおぞら企画　　御中

〒115-0045　東京都北区赤羽9-9-9
TEL　　：03-0000-0000

株式会社オフィスサポート
〒173-0004
東京都板橋区板橋9-9-9
TEL：03-9999-9999
FAX：03-9999-9990

下記のとおり御見積申し上げます

御見積合計金額　　　461,560円
（消費税込み）

商品番号	商品名	単価	数量	価格
OB-100	オフィスデスクB（100cm幅）	45,000	6	270,000
OC-B	オフィスチェアB	11,000	6	66,000
TA-140	テーブルA（140cm幅）	20,000	2	40,000
MC-B	ミーティングチェアB	10,900	4	43,600
			小計	419,600
			消費税（10%）	41,960
			合計	461,560

商品リストの
表の作成

商品番号・商品名・単価の
一覧表を、見積表と同じシー
トに作成します。

	H	I	J	K	L	M	N	O
16								
17				商品リスト				
18	**価格**			**商品番号**	**商品名**	**単価**		
19	270,000			DA-090	オフィスデスクA（90cm幅）	39,000		
20	66,000			DA-110	オフィスデスクA（110cm幅）	42,000		
21	40,000			DB-100	オフィスデスクB（100cm幅）	45,000		
22	43,600			DB-120	オフィスデスクB（120cm幅）	49,000		
23				OC-A	オフィスチェアA	9,000		
24				OC-B	オフィスチェアB	11,000		
25				OC-C	オフィスチェアC	13,000		
26				TA-140	テーブルA（140cm幅）	20,000		
27				TA-160	テーブルA（160cm幅）	24,000		
28				TB-140	テーブルB（140cm幅）	25,000		
29				TB-160	テーブルB（160cm幅）	28,000		
30				MC-A	ミーティングチェアA	9,900		
31				MC-B	ミーティングチェアB	10,900		
32	419,600							
33	41,960							

見積書

商品リストの表を作成する

見積書を作成するときに、商品番号・商品名・単価の入力が正確かつスムーズに
行えるよう、あかじらめ商品リストの別表を作成しておきます。

1 別表を作成する

見積書と同じシートに、「商品番号」「商品名」「単
価」を入力した別表を作成しておきます❶。

「商品番号」に対応する「商品名」と「単価」を自動表示する

「商品番号」「商品名」「単価」を入力した別表を利用して、「商品番号」を入力すると、
それに対応した「商品名」と「単価」が自動的に表示されるようにします。

1 VLOOKUP関数を挿入する

セル[B19]をクリックして❶、[数式]タブをクリックし❷、[関数ライブラリ]グループの[検索/行列]をクリックして❸、[VLOOKUP]をクリックします❹。

2 [検索値]を指定する

[検索値]に「A19」と入力し❶、[範囲]ボックスをクリックします❷。

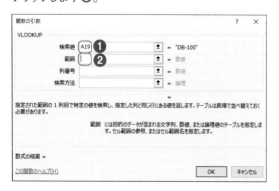

3 [範囲]を指定する

セル範囲[K19:M31]をドラッグして選択し❶、F4 キーを押して絶対参照に切り替えます。

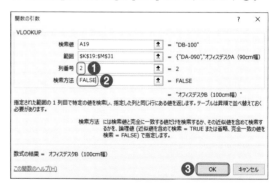

4 [列番号]と[検索方法]を指定する

[列番号]に「2」と入力して❶、[検索方法]に「FALSE」と入力し❷、[OK]をクリックします❸。

5 「単価」を表示させる関数を入力する

同様にセル[F19]にVLOOKUP関数を入力し、[列番号]を「3」に指定します❶。

見積書の内容が納品書と請求書にも反映される

見積書・納品書・請求書

01_06見積納品
請求書.xlsx

p.26の見積書に納品書・請求書を追加しました。見積書に宛先や商品番号、数量などのデータを入力すると、納品書と請求書にも同じ内容が自動的に反映されます。

ポイント

シートのコピー

見積書のシートをコピーし、編集して納品書、請求書を作成します。
→p.108

ポイント

同じデータの表示

見積書に入力したデータが、納品書、請求書に反映されるようにします。
→p.109

ポイント

「0」の非表示

データが入力されていないセルに「0」が表示されないようにします。
→p.109

表組みで記録を見やすくする

議事録

02_01
議事録.docx

議事録などの記録は、文章だけにするよりも、表組みを利用した方が見やすくなります。
また、項目名のセルには色を付けて区別します。

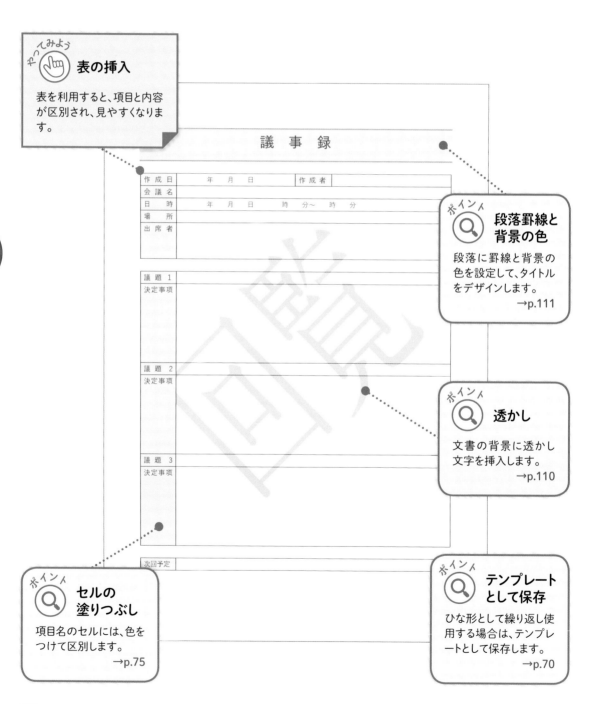

やってみよう

表の挿入

表を利用すると、項目と内容が区別され、見やすくなります。

ポイント

段落罫線と背景の色

段落に罫線と背景の色を設定して、タイトルをデザインします。
→p.111

ポイント

透かし

文書の背景に透かし文字を挿入します。
→p.110

ポイント

セルの塗りつぶし

項目名のセルには、色をつけて区別します。
→p.75

ポイント

テンプレートとして保存

ひな形として繰り返し使用する場合は、テンプレートとして保存します。
→p.70

表を作成する

ワードで表を作成するときは、表の列数と行数を指定します。
表のマス目を「セル」といいます。

1 表を挿入する

[挿入]タブをクリックして❶、[表]グループの[表]
をクリックし❷、作成する表の行数と列数（ここで
は5行×2列）が選択されるようにドラッグします❸。

2 [セルの分割]ダイアログボックスを表示する

右上のセルをクリックし、[表ツール]の[レイアウト]
タブをクリックして❶、[結合]グループの[セルの分
割]をクリックします❷。

3 分割するセルの数を指定する

[列数]欄に「3」と入力して❶、[行数]欄に「1」と
入力し❷、[OK]をクリックします❸。

4 列の幅を調整する

縦の罫線にマウスポインターを合わせ、ドラッグし
ます❶。

5 文字を入力する

表の各セルをクリックして、文字を入力します。

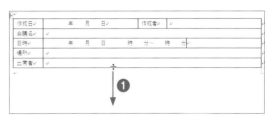

6 行の高さを調整する

横の罫線にマウスポインターを合わせ、ドラッグし
ます❶。

ひとくちメモ

8行×10列よりも大きい表を作成する

8行×10列よりも大きい表を作成する場合
は、手順1で[表の挿入]をクリックして、[表
の挿入]ダイアログボックスで[列数]と[行
数]を指定します。

サインと押印欄を入れた書類

作業報告書

02_02
作業報告書.docx

書類にサイン欄を作成するときは、空白に下線を入れておくと、手書きの場合に記入しやすく、記入漏れを防ぐこともできます。

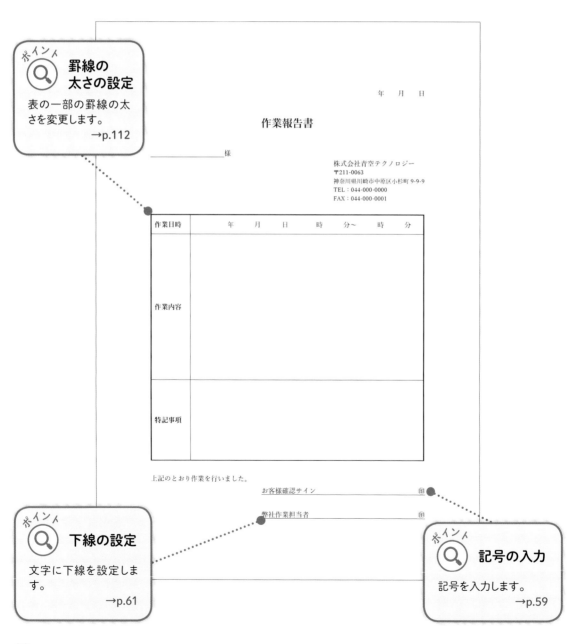

ポイント
**罫線の
太さの設定**
表の一部の罫線の太さを変更します。
→p.112

ポイント
下線の設定
文字に下線を設定します。
→p.61

ポイント
記号の入力
記号を入力します。
→p.59

年　　月　　日

作業報告書

_____ 様

株式会社青空テクノロジー
〒211-0063
神奈川県川崎市中原区小杉町9-9-9
TEL：044-000-0000
FAX：044-000-0001

作業日時	年　　月　　日　　時　　分～　　時　　分
作業内容	
特記事項	

上記のとおり作業を行いました。

お客様確認サイン _____ 印

弊社作業担当者 _____ 印

エクセルで表組みを作成

業務日報

02_03
日報.xlsx

行数・列数が多く、単純なレイアウトの表は、ワードよりもエクセルのほうが作成しやすいでしょう。エクセルで表を作成すると、セルの内容のコピーがかんたんに行えます。

ポイント
セルの結合
複数のセルを結合して1つのセルにします。
→p.76

ポイント
罫線の種類
罫線の種類を変更します。
→p.75

ポイント
セルのコピー
セルのデータを隣接するセルにコピーします。
→p.76

ポイント
セルの塗りつぶし
タイトルや表の項目名のセルは色を付けて区別します。
→p.75

土日のセルの色を変えた日程表

工程管理表

02_04
工程管理表.xlsx

年と月の数値を変更すると、曜日が自動的に切り替わり、土日のセルに色が付きます。
データを入力して利用することも、印刷後手書きで記入して利用することもできます。

ポイント

**年と月を
変えて利用**

年と月を入力すると、曜日が自動的に切り替わるようにします。
→p.112

やってみよう

**土日のセルに
色を設定**

条件付き書式と関数を使って、土日のセルの色を変えて区別します。

パンフレット制作

2020 年 10 月

タスク	1木	2金	3土	4日	5月	6火	7水	8木	9金	10土	11日	12月	13火	14水	15木	16金	17土	18日	19月	20火	21水	22木	23金	24土	25日	26月	27火	28水	29木	30金	31土
撮影																															
テキスト作成																															
デザイン																															
初校校正																															
初校修正																															
再校校正																															
再校修正																															
入稿																															
色校正																															
印刷																															
納品																															

土日のセルの色を変える

条件付き書式とWEEKDAY関数を利用すると、曜日ごとにセルの書式を設定することができます。
ここでは、土日のセルの塗りつぶしの色を薄い黄色に設定します。

1 [新しい書式ルール]ダイアログ ボックスを表示する

セル範囲[B4:AF20]を選択し、[ホーム]タブをクリックして❶、[スタイル]グループの[条件付き書式]をクリックし❷、[新しいルール]をクリックします❸。

2 ルールを指定する

[数式を使用して、書式設定するセルを決定]をクリックし❶、[次の数式を満たす場合に書式設定]欄に「=WEEKDAY(B$4,2)>=6」と入力し❷、[書式]をクリックします❸。

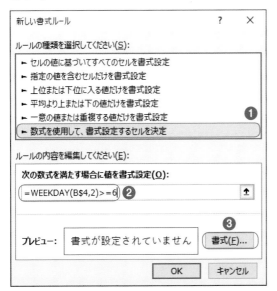

3 書式を設定する

[塗りつぶし]タブをクリックして❶、[背景色]で色を選択し❷、[OK]をクリックします❸。[新しい書式ルール]ダイアログボックスの[OK]をクリックします。

ひとくちメモ

WEEKDAY関数

「WEEKDAY関数」は、日付に対応する曜日を整数で返す関数で、「WEEKDAY=(シリアル値,種類)」の書式で入力します。「種類」は「1（1：日曜～7：土曜）」、「2（1：月曜～7：日曜）」、「3（0：月曜～6：日曜）」のいずれかを数値で指定します。ここでは「2」を指定し、「6」以上の場合に書式が設定されるように数式を入力しています。

勤務日数が自動で計算される

シフト管理表

02_05
シフト管理表.xlsx

スタッフごとに、その日のシフト区分を入力するシフト管理表です。
シフト区分ごとの日数が自動で計算されるようになっています。

ポイント
土日のセルの色の設定

土日のセルの色が自動で変わるようにします。
→p.35

やってみよう
各日数の表示

シフト区分ごとの日数や有休の日数が自動的に計算されるようにします。

業務・生産管理部門で使う書類

2020 年　5 月　勤務シフト表

氏名	1金	2土	3日	4月	5火	6水	7木	8金	9土	10日	11月	12火	13水	14木	15金	16土	17日	18月	19火	20水	21木	22金	23土	24日	25月	26火	27水	28木	29金	30土	31日	勤務日数	A	B	C	休	有
牧野 真一	A	B	C	休	A	B	C	休	A	B	C	休	A	B	C	休	A	B	C	休	休	A	B	C	休	A	B	C	休	A	有	22	8	7	7	8	1
河合 奈々	B	C	休	A	B	C	休	A	B	C	休	A	B	C	休	A	B	C	休	休	A	B	C	休	A	B	C	休	A	B	C	23	7	8	8	8	0
松山 誠	C	休	A	B	C	休	A	B	C	休	A	B	C	休	A	B	C	休	休	A	B	C	休	A	B	C	休	A	B	C	休	22	7	7	8	9	0
竹内 早紀	休	A	B	C	休	A	B	C	休	A	B	C	休	A	B	C	休	A	B	C	休	A	B	C	休	A	B	C	休	A		22	8	7	7	9	0
金井 洋平	A	B	C	休	A	B	C	休	A	B	C	休	A	B	C	休	A	B	C	休	A	B	C	休	A	B	C	休	A	B		23	8	8	7	8	0
近藤 実花	B	C	休	A	B	C	休	A	B	C	休	A	B	C	休	A	B	C	休	A	B	C	休	A	B	C	休	A	B	C		23	7	8	8	8	0
佐々木 修一	C	休	A	B	C	休	A	B	C	休	A	B	C	休	休	A	B	C	休	A	B	C	休	A	B	C	休	A	B	C	休	22	7	7	8	9	0
田辺 圭	休	A	B	C	休	A	B	C	休	A	B	C	休	A	B	C	休	A	B	C	休	A	B	C	休	A	B	C	休	A		22	8	7	7	9	0

A	6:00	～	15:00
B	14:00	～	23:00
C	22:00	～	7:00
休		休日	
有		有給休暇	

ポイント
文字の色の設定

シフト区分ごとに文字の色が自動で変わるようにします。
→p.114

シフト区分ごとの勤務日数を表示する

「COUNTIF関数」を利用すると、検索条件に一致したセルの個数を数えることができます。
A〜Cのシフト区分ごとの勤務日数と、有休、休日の日数を計算します。

1 「A」と入力されたセルの個数を数える関数を入力する

セル[AK5]をクリックして選択し❶、数式として
「=COUNTIF($E5:$AI5,"A")」と入力して❷、
Enter を押します。

2 他のシフト区分の関数を入力する

セル[AK5]に結果が表示されました❶。 セル
[AL5]に「=COUNTIF($E5:$AI5,"B")」、セル
[AM5]に「=COUNTIF($E5:$AI5,"C")」、セル
[AN5]に「=COUNTIF($E5:$AI5,"休")」、セ
ル[AO5]に「=COUNTIF($E5:$AI5,"有")」と
入力します❷。

3 関数をコピーする

セル範囲[AK5:AO5]をドラッグして選択し❶、フ
ィルハンドルをセル[AO19]までドラッグして❷、
関数をコピーします。

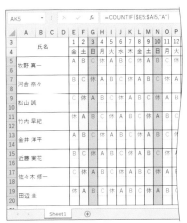
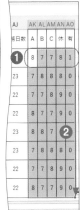

ひとくちメモ

COUNTIF関数
「COUNTIF関数」は、指定されたセル範
囲に含まれるセルのうち、検索条件に一致
する セル の 個数 を 返す 関数 で、
「COUNTIF=(範囲,検索条件)」の書式で
入力します。

表を書式設定で見やすく

休暇届

03_01休暇届.docx

データを入力しても、印刷してから手書きで記入しても利用できる休暇届です。
表の項目名を縦書きにしたり、一部の罫線を破線にしたりして、見やすい表を作成します。

やってみよう

罫線の種類の変更

表の一部の罫線を破線に変更します。

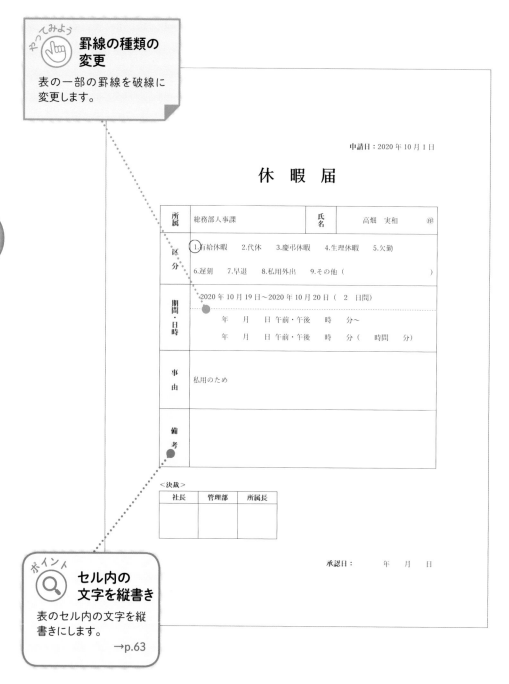

申請日：2020 年 10 月 1 日

休 暇 届

所属	総務部人事課	氏名	高畑　実和　　　㊞
区分	1.有給休暇　　2.代休　　3.慶弔休暇　　4.生理休暇　　5.欠勤 6.遅刻　　7.早退　　8.私用外出　　9.その他（　　　　　　　　　　）		
期間・日時	2020 年 10 月 19 日～2020 年 10 月 20 日（　2　日間） 　　　年　　月　　日 午前・午後　　時　　分～ 　　　年　　月　　日 午前・午後　　時　　分（　　時間　　分）		
事由	私用のため		
備考			

＜決裁＞

社長	管理部	所属長

承認日：　　　　年　　月　　日

ポイント

セル内の文字を縦書き

表のセル内の文字を縦書きにします。

→p.63

表の罫線の一部を破線に変更する

作成した表の罫線の種類は、二重線や波線などに変更することができます。
ここでは破線に変更する方法を解説します。

1 罫線の種類を選択する

表内をクリックして、[表ツール]の[デザイン]タブを
クリックし❶、[ペンのスタイル]の▾をクリックして❷、
破線をクリックします❸。

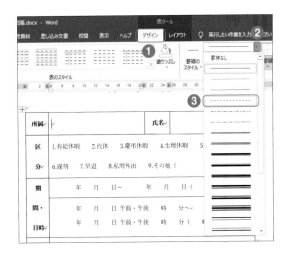

2 破線に変更する罫線を指定する

マウスポインターが✐に変わるので、目的の罫線を
ドラッグします❶。

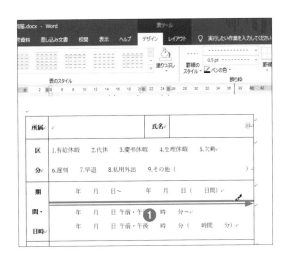

3 罫線の種類が変更された

罫線が破線に変更されました。 Esc を押すと、マ
ウスポインターの形が元に戻ります。

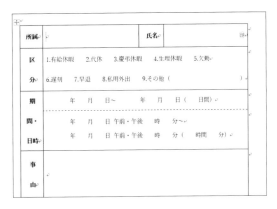

合計金額が自動で計算できる

出張申請書

03_02出張申請書
.docx

ワードでも、表内でかんたんな数式や関数を利用することができます。
ここでは、SUM関数を使って合計を求めます。

ポイント
セルの分割

表内の1つのセルを複数のセルに分割します。
→p.31

社長	部長	課長

出張申請書

所属	営業部		氏名	進藤　祐希	印
期間	2020 年 7 月 16 日〜　2020 年 7 月 17 日（　2　日間）				
出張先	※おもな都市名 大阪市				
目的	・株式会社ひまわり産業でのプレゼンテーション ・大阪市内での営業活動				

概算費用	交通費	30,000
	宿泊費	10,000
	交際費	20,000
	その他（　　　　　　）	
	合計	¥60,000

※「概算費用」は、各項目の数値を入力後、「合計」の数値を右クリックして、［フィールド更新］をクリックすると、計算結果が更新されます。

ポイント
列幅・行の
高さの調整

表の列の幅や行の高さを調整します。
→p.31

やってみよう
合計の計算

SUM関数を使って、合計が計算されるようにします。

表内に関数を挿入する

表内の数値を計算する数式や関数を挿入することができます。
ここでは、数値の合計を求めるSUM関数を入力します。

1 [計算式]ダイアログボックスを表示する

関数を入力するセルをクリックして❶、[表ツール]の[レイアウト]タブをクリックし❷、[データ]グループの[計算式]をクリックします❸。

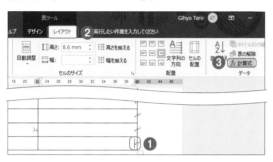

2 関数を入力する

[計算式]欄に「=SUM(ABOVE)」と入力して❶、[表示形式]欄で[¥#,##0;(¥#,##0)]を選択し❷、[OK]をクリックします❸。

3 関数が挿入される

関数が挿入されました❶。計算対象となるセルに数値を入力します❷。

4 フィールドを更新する

関数が挿入されたセルを右クリックして❶、[フィールド更新]をクリックします❷。

5 計算結果を確認する

計算結果が表示されます❶。

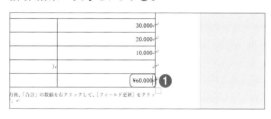

ひとくちメモ

SUM関数の入力

「=SUM(ABOVE)」の()は、計算対象となるセルを指定します。選択しているセルの上にある列の合計を求める場合は「ABOVE」、下にある列の場合は「BELOW」、左にある行の場合は「LEFT」、右にある行の場合は「RIGHT」を指定します。また、[計算式]ダイアログボックスの[関数貼り付け]欄では、ほかの関数を指定することができます。

SmartArtを使って図表をかんたんに作成する

回覧リスト

03_03回覧リスト.
docx

ワード、エクセルともに、「SmartArt」という図表を作成する機能がそなわっています。ここでは、「手順」のSmartArtを利用して、回覧リストを作成します。

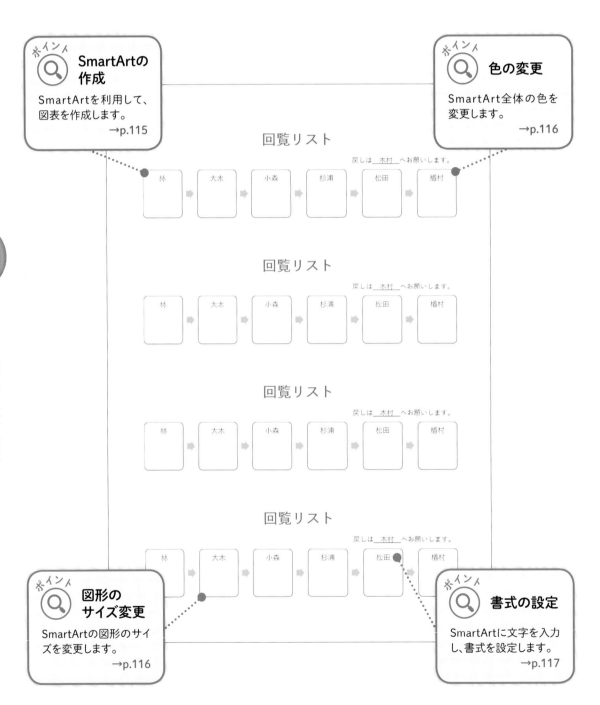

ポイント SmartArtの作成
SmartArtを利用して、図表を作成します。
→p.115

ポイント 色の変更
SmartArt全体の色を変更します。
→p.116

回覧リスト

戻しは 木村 へお願いします。

林 → 大木 → 小森 → 杉浦 → 松田 → 楢村

回覧リスト

戻しは 木村 へお願いします。

林 → 大木 → 小森 → 杉浦 → 松田 → 楢村

回覧リスト

戻しは 木村 へお願いします。

林 → 大木 → 小森 → 杉浦 → 松田 → 楢村

回覧リスト

戻しは 木村 へお願いします。

林 → 大木 → 小森 → 杉浦 → 松田 → 楢村

ポイント 図形のサイズ変更
SmartArtの図形のサイズを変更します。
→p.116

ポイント 書式の設定
SmartArtに文字を入力し、書式を設定します。
→p.117

Chap 3

経理・人事・総務部門で使う書類

合計金額が自動で計算できる

経費精算書

03_04経費精算書
.xlsx

汎用性のあるシンプルな経費精算書です。「SUM関数」を利用して、「金額」欄に数値を入力すれば、自動で合計金額が表示されるようになっています。

経費精算書

申請日	2020/7/17
所　属	制作部
氏　名	清水 悟

日付	内容	支払先	金額	備考
7/13	旅費交通費	JR	336	新宿、（株）AZ企画訪問
7/14	旅費交通費	東京メトロ	398	表参道、（株）いろはメディア訪問
7/15	新聞図書費	さくら書店	7,680	参考資料書籍
7/16	旅費交通費	JR、東京メトロ	964	練馬、坂上氏打合せ
7/16	会議費	いろはカフェ	1,200	坂上氏打合せ
	合計		¥10,578	

課長	部長	経理担当者	経理責任者

ポイント 金額の表示形式

数値に「¥」を付けて表示します。
→p.80

ポイント 合計の計算

合計を求めるSUM関数を挿入します。
→p.84

アイコンとデザイン文字で目をひく

社内掲示ポスター

03_05社内掲示
ポスター.docx

アイコン、ワードアート、図形、ページ罫線、背景、テキストボックスを
組み合わせて作成したポスターです。

アイコンの挿入

さまざまなアイコンをかんた
んに挿入できます。

図形の作成

三角形を描き、文字を囲
むように配置します。
→p.93

ページ罫線

ページ罫線を利用して、
ページ全体を囲みます。
→p.118

デザイン文字

ワードアートを挿入して
目立たせます。
→p.118

ページの背景

ページの背景にテクス
チャを設定します。
→p.120

**テキスト
ボックス**

テキストボックスで文字
を配置します。
→p.103

Chap 3

経理・人事・総務部門で使う書類

アイコンを挿入する

ワードには、さまざまなジャンルのアイコンが用意されているので、掲示物や資料などを
作成する際に活用しましょう。なお、アイコンは、ワード 2019以降の機能です。

1 [アイコンの挿入]ダイアログ ボックスを表示する

[挿入]タブをクリックして❶、[図]グループの[アイコン]をクリックします❷。

2 アイコンを選択する

[分析]をクリックして❶、電球のアイコンをクリックし❷、[挿入]をクリックします❸。

3 アイコンが挿入された

アイコンが挿入されました。

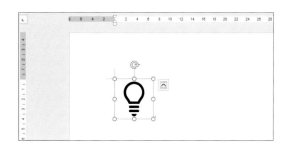

ひとくちメモ

アイコンの書式を変更する
アイコンの塗りつぶしや枠線の色を変更するには、アイコンをクリックして、[グラフィックツール]の[書式]タブをクリックし、[グラフィックのスタイル]グループの[グラフィックの塗りつぶし]や[グラフィックの枠線]を利用します。
また、アイコンのサイズや位置は、図形と同様の方法で変更することができます(p.98～99参照)。

勤務日数・勤務時間が自動で計算できる

勤怠管理表

03_06勤怠管理表
.xlsx

その月の勤務日数と、日ごとの就業時間、時間内就業時間、時間外就業時間がそれぞれ
自動で計算されます。

やってみよう

勤務日数の計算

COUNT関数を使って、勤務日数を計算します。

ポイント

勤務時間の計算

関数を使って、勤務時間を計算します。
→p.121

ポイント

時間の表示形式

24時間を超えた時間も表示されるようにします。
→p.47

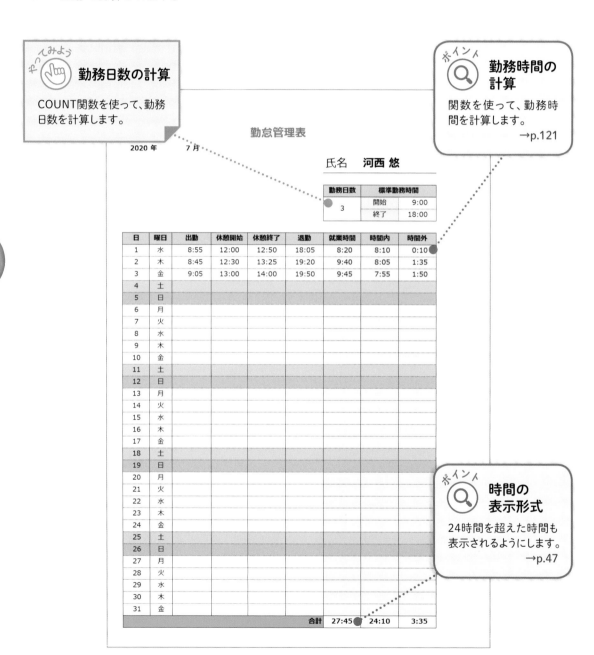

勤怠管理表

2020 年　　7 月

氏名　**河西 悠**

勤務日数	標準勤務時間	
3	開始	9:00
	終了	18:00

日	曜日	出勤	休憩開始	休憩終了	退勤	就業時間	時間内	時間外
1	水	8:55	12:00	12:50	18:05	8:20	8:10	0:10
2	木	8:45	12:30	13:25	19:20	9:40	8:05	1:35
3	金	9:05	13:00	14:00	19:50	9:45	7:55	1:50
4	土							
5	日							
6	月							
7	火							
8	水							
9	木							
10	金							
11	土							
12	日							
13	月							
14	火							
15	水							
16	木							
17	金							
18	土							
19	日							
20	月							
21	火							
22	水							
23	木							
24	金							
25	土							
26	日							
27	月							
28	火							
29	水							
30	木							
31	金							
					合計	27:45	24:10	3:35

勤務日数を計算する

ここでは、「出勤」欄が入力されているセルの個数を数える方法で勤務日数を計算しています。
データが入力されているセルの個数を数えるには、「COUNT関数」を利用します。

1 COUNT関数を入力する

セル［H6］をクリックして選択し❶、数式として
「=COUNT(C10:D40)」と入力し❷、 Enter を
押します。
COUNT関数は、セル範囲内もしくは引数リスト
に含まれる数値の個数を返す関数で、
「=COUNT(値1,値2,)」の書式で入力します。こ
の作例では、「出勤」欄のセル範囲［C10:D40］
で、時刻が入力されているセルの個数を求めてい
ます。

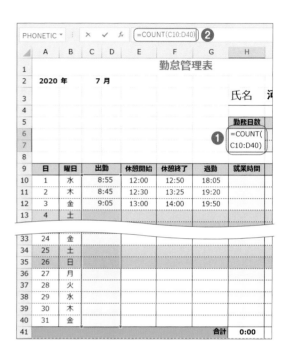

2 計算結果が表示される

計算結果が表示されます❶。

時間の表示形式を設定する

時間が27時間45分の場合、初期設定の表示形式（h:mm）では、「3:45」と表示され、
24時間を超えた部分が表示されません。「27:45」と表示されるように設定を変更します。
［セルの書式設定］ダイアログボックスを表示し、［表示形式］タブをクリックして、［分類］欄で
［ユーザー定義］をクリックします。［種類］欄に「[h]:mm」と入力し、［OK］をクリックします。

勤続年数と年齢が自動で計算される

従業員名簿

03_07従業員名簿
.xlsx

関数を使って、勤続年数と年齢が自動で計算されるようにします。また、所属はリストから
選択できるようになっており、元データは別シートに入力してあります。

やってみよう
勤続年数と
年齢の計算

DATEDIF関数を利用して
計算します。

社員コード	氏	名	シ	メイ	所属	役職	入社年月日	勤続年数	月日	年齢	性別	郵便番号	住所	電話番号	緊急連絡先
001001	齋籐	裕司	タカハシ	ユウジ	営業部	部長	1989/4/1	30	1970/6/10	49	男性	186-0001	東京都国立市北9-9-9	042-000-0000	090-0000-0000
001004	木村	恭子	シムラ	アイコ	経営管理部	部長	1989/4/1	30	1970/9/12	49	女性	143-0027	東京都大田区中馬込9-9-9-909	03-0000-0000	090-1111-1111
001005	島田	理央	シマダ	サトミ	経営部人事課	課長	1990/4/1	29	1969/6/14	50	女性	302-0014	茨城県取手市中央9-9-9	0297-00-0000	090-2222-2222
001006	小早川	士太	コバヤカワ	ナイタ	営業部営業一課	課長	1991/4/1	28	1969/6/19	50	男性	206-0804	東京都稲城市西9-9-9	042-111-1111	090-3333-3333
001007	飯田	浩二郎	イイダ	コウジロウ	生産管理部技術開発課	係長	1991/10/1	28	1965/7/24	54	男性	243-0007	神奈川県厚木市青9-9-9	045-000-0000	090-4444-4444
001008	坂井	彩	サカイ	アヤ	生産管理部営業一課	課長	1992/4/1	27	1970/1/14	49	女性	134-0083	東京都江戸川区中葛西9-9-9	03-1111-1111	090-5555-5555
001009	山内	武次	ヤマウチ	タケシ	経営管理部総務課	課長	1992/4/1	27	1970/2/2	49	男性	272-0021	千葉県市川市八幡9-9-9	047-000-0000	090-6666-6666
001010	遠藤	小百合	エンドウ	サユリ	製造部製造二課	課長	1993/4/1	26	1971/3/18	48	女性	135-0062	東京都江東区東雲9-9-9	03-2222-2222	090-7777-7777
001011	安藤	美帆	アンドウ	ミホ	製造部製造一課	課長	1994/4/1	25	1972/1/20	47	女性	351-0007	埼玉県朝霞市岡9-9-9	048-000-0000	090-8888-8888
001012	永峰	奈一	トウジョウ	キョウイチ	営業部人事課	係長	1995/4/1	24	1973/5/31	46	男性	185-0004	東京都国分寺市新町9-9-9	042-222-2222	090-9999-9999
001013	井田	大輔	イガワ	ダイスケ	生産管理部品質管理課	課長	1995/10/1	24	1967/8/9	52	男性	248-0022	神奈川県鎌倉市常盤9-9-9	0467-00-0000	080-0000-0000
001014	太田	あゆみ	キグチ	アユミ	営業部営業二課	課長	1996/4/1	23	1974/3/19	45	女性	142-0063	東京都品川区荏原9-9-9	03-3333-3333	080-1111-1111
001015	宍戸	総太	シシド	ソウタ	経営管理部経営企画課	係長	1996/4/1	23	1973/7/7	46	男性	279-0011	千葉県浦安市美浜9-9-9	047-111-1111	080-2222-2222
001016	五十嵐	雅太郎	イガラシ	ヨウタロウ	営業部営業一課	係長	1997/8/1	22	1972/10/22	47	男性	151-0073	東京都渋谷区笹塚9-9-9	03-4444-4444	080-3333-3333
001017	仁科	祐至	ニシナ	ユウジロウ	生産管理部	部長	1998/9/1	21	1964/10/10	55	男性	332-0015	埼玉県川口市川口9-9-9	048-111-1111	080-4444-4444
001018	日向	沙織	ヒナタ	サオリ	製造部製造一課	主任	1999/4/1	20	1976/3/31	43	女性	167-0023	東京都杉並区上井草9-9-9	03-5555-5555	080-5555-5555
001019	皆口	将吾	ミナグチ	ショウゴ	経営部	部長	2000/12/1	19	1963/4/3	56	男性	210-0831	神奈川県川崎市川崎区観音9-9-9	044-000-0000	080-6666-6666
001020	上井	文香	ウエダ	フミカ	生産管理部技術開発課	課長	2001/4/1	18	1971/11/28	44	女性	130-0002	東京都墨田区業平9-9-9-909	03-6666-6666	080-7777-7777
001021	工藤	爽祐	クドウ	ソウスケ	経営部人事課	課長	2003/11/1	16	1974/12/24	45	男性	277-0005	千葉県柏市柏9-9-9	04-0000-0000	080-8888-8888
001022	杉浦	広明	スギウラ	ヒロアキ	製造部製造一課	係長	2004/6/1	15	1975/1/6	44	男性	157-0073	東京都世田谷区砧9-9-9	03-7777-7777	080-9999-9999
001023	津島	貴洋	ツシマ	タカヒロ	経営管理部総務課	係長	2004/12/1	15	1971/2/12	48	男性	330-0062	埼玉県さいたま市浦和区仲町9-9-9	048-222-2222	090-0000-1111
001024	河田	春樹	フカワ	ハルキ	経営管理部	部長	2006/10/15	13	1964/1/8	56	男性	110-0001	東京都台東区谷中9-9-9	03-8888-8888	090-0000-2222
001025	武藤	朝日香	ムトウ	アスカ	生産管理部品質管理課	係長	2007/4/1	12	1979/10/27	40	女性	211-0003	神奈川県川崎市中原区上丸子9-9-9-909	044-111-1111	090-0000-3333
001026	江川	恵美	エガワ	ユウセイ	生産管理部技術課	課長	2009/8/1	10	1975/5/14	44	男性	195-0012	東京都町田市小野路9-9-9	042-333-3333	090-0000-4444
001027	仙田	絵梨奈	センダ	エリナ	製造部製造二課	係長	2011/4/1	8	1989/6/14	30	女性	260-0013	千葉県千葉市中央区中央9-9-9	043-000-0000	090-0000-5555
001028	市川	勇人	チェカイ	ハヤト	経営管理部経営企画課	係長	2013/5/1	6	1975/6/4	44	男性	206-0004	東京都多摩市百草9-9-9	042-555-5555	090-0000-6666
001029	半井	都	ナカライ	イク	営業部営業一課	係長	2014/4/1	5	1992/10/6	27	女性	330-0843	埼玉県さいたま市大宮区吉敷町9-9-9	048-333-3333	090-0000-7777
001030	椴津	龍之介	ネツ	リュウノスケ	営業部人事課	係長	2015/7/1	4	1987/6/15	32	男性	182-0036	東京都調布市飛田給9-9-9	042-666-6666	090-0000-8888
001031	泉	宿伯	イズミ	タケヤ	営業部営業一課		2017/4/1	2	1995/12/12	24	男性	231-0868	神奈川県横浜市中区和田町9-9-9-909	045-000-0000	090-0000-9999
001032	平野	皐月	ヒラノ	ハツキ	営業部営業二課		2019/4/1	0	1996/8/2	23	女性	171-0044	東京都豊島区千早9-9-9	03-9999-9999	090-1111-0000

ポイント
テーブルとして
書式設定

表をテーブルとして書
式設定します。
→p.104

ポイント
リストから
項目を選択

別シートの部署のリスト
を参照して選択します。
→p.122

Chap 3

経理・人事・総務部門で使う書類

48

勤続年数と年齢を計算する

DATEDIF関数を利用して、入社年月日から今日までの勤続年数と、
今日現在の年齢が自動で計算されるようにします。

1 勤続年数を求める関数を入力する

セル［I2］をクリックして選択し❶、数式として
「=DATEDIF(H2,TODAY(),"Y")」と入力し❷、
Enter を押します。「入社年月日（セル［H2］）」か
ら今日（TODAY()）までの期間の年数（"Y"）を求
めています。

2 勤続年数が表示される

勤続年数が求められました❶。テーブルとして書
式設定していると、セル［I3］以降も自動的に関数
がコピーされます❷。

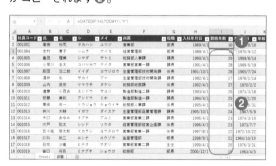

3 年齢を求める関数を入力する

セル［K2］をクリックして選択し❶、数式として
「=DATEDIF(J2,TODAY(),"Y")」と入力し❷、
Enter を押します。

4 年齢が表示される

年齢が求められました❶。セル［I3］以降も自動的
に関数がコピーされます❷。

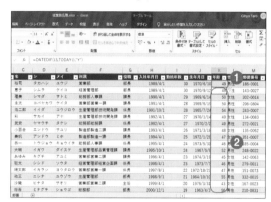

ひとくちメモ

DATEDIF関数の入力

「DATEDIF関数」は、指定された2つのシ
リアル値の期間を求める関数で、
「DATEDIF＝(開始日,終了日,単位)の書
式で入力します。引数「単位」は、次の値
を指定できます。

・"Y"＝期間の年数
・"M"＝期間の月数
・"D"＝期間の日数

勤続年数を求めるときには、開始日に入社
年月日（セル［H2］）、終了日に今日
（TODAY()）、単位に年数（"Y"）を指定し
ます。

また、年齢を求めるときには、開始日に生
年月日（セル［J2］）、終了日に今日
（TODAY()）、単位に年数（"Y"）を指定し
ます。

市販の名刺用紙で作成する

ビジネス名刺

04_01名刺.docx

市販の名刺ラベル用紙を利用して、シンプルなビジネス名刺を作成します。
会社名や氏名、住所などでフォントの種類やサイズを変えて見やすくします。

ラベル用紙の設定

印刷するラベル用紙に合わせて、文書のレイアウトを設定します。

株式会社スターコーポレーション
営業部
笹川 陽祐
〒330-0063 埼玉県さいたま市浦和区高砂 9-9-9
TEL：048-000-0000/FAX：048-000-0001
http://www.xxxxxx.co.jp
sasagawa@xxxxxxx.co.jp

株式会社スターコーポレーション
営業部
笹川 陽祐
〒330-0063 埼玉県さいたま市浦和区高砂 9-9-9
TEL：048-000-0000/FAX：048-000-0001
http://www.xxxxxx.co.jp
sasagawa@xxxxxxx.co.jp

株式会社スターコーポレーション
営業部
笹川 陽祐
〒330-0063 埼玉県さいたま市浦和区高砂 9-9-9
TEL：048-000-0000/FAX：048-000-0001
http://www.xxxxxx.co.jp
sasagawa@xxxxxxx.co.jp

株式会社スターコーポレーション
営業部
笹川 陽祐
〒330-0063 埼玉県さいたま市浦和区高砂 9-9-9
TEL：048-000-0000/FAX：048-000-0001
http://www.xxxxxx.co.jp
sasagawa@xxxxxxx.co.jp

株式会社スターコーポレーション
営業部
笹川 陽祐
〒330-0063 埼玉県さいたま市浦和区高砂 9-9-9
TEL：048-000-0000/FAX：048-000-0001
http://www.xxxxxx.co.jp
sasagawa@xxxxxxx.co.jp

株式会社スターコーポレーション
営業部
笹川 陽祐
〒330-0063 埼玉県さいたま市浦和区高砂 9-9-9
TEL：048-000-0000/FAX：048-000-0001
http://www.xxxxxx.co.jp
sasagawa@xxxxxxx.co.jp

株式会社スターコーポレーション
営業部
笹川 陽祐
〒330-0063 埼玉県さいたま市浦和区高砂 9-9-9
TEL：048-000-0000/FAX：048-000-0001
http://www.xxxxxx.co.jp
sasagawa@xxxxxxx.co.jp

株式会社スターコーポレーション
営業部
笹川 陽祐
〒330-0063 埼玉県さいたま市浦和区高砂 9-9-9
TEL：048-000-0000/FAX：048-000-0001
http://www.xxxxxx.co.jp
sasagawa@xxxxxxx.co.jp

株式会社スターコーポレーション
営業部
笹川 陽祐
〒330-0063 埼玉県さいたま市浦和区高砂 9-9-9
TEL：048-000-0000/FAX：048-000-0001
http://www.xxxxxx.co.jp
sasagawa@xxxxxxx.co.jp

株式会社スターコーポレーション
営業部
笹川 陽祐
〒330-0063 埼玉県さいたま市浦和区高砂 9-9-9
TEL：048-000-0000/FAX：048-000-0001
http://www.xxxxxx.co.jp
sasagawa@xxxxxxx.co.jp

ラベルのコピー

1つのラベルを作成して書式を設定したら、コピーして、他のラベルに貼り付けます。
→p.123

ラベル用紙を設定する

名刺を作成して印刷するには、使用するラベル用紙に合わせて、
文書のレイアウトを設定する必要があります。

1 [封筒とラベル]ダイアログボックスを表示する

新規文書を作成または既存の文書を開いた状態で、[差し込み文書]タブをクリックし❶、[作成]グループの[ラベル]をクリックします❷。

2 [ラベルオプション]ダイアログボックスを表示する

[オプション]をクリックします❶。

3 ラベル用紙を設定する

[プリンター]でプリンターの種類と用紙トレイを設定して❶、[ラベルの製造元]で使用するラベルのメーカーを指定し❷、[製品番号]で使用するラベルの製品番号をクリックして❸、[OK]をクリックします❹。[封筒とラベル]ダイアログボックスの[新規文書]をクリックします。

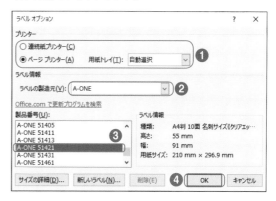

4 レイアウトを確認する

新規文書が作成されるので、レイアウトを確認します。

罫線入りで記入しやすい

FAX送付状

04_02FAX送付状
.docx

印刷して記入して使うFAX送付状です。会社のロゴ画像を入れ、
用件を記入する欄は破線入りの罫線を入れて書きやすくしています。

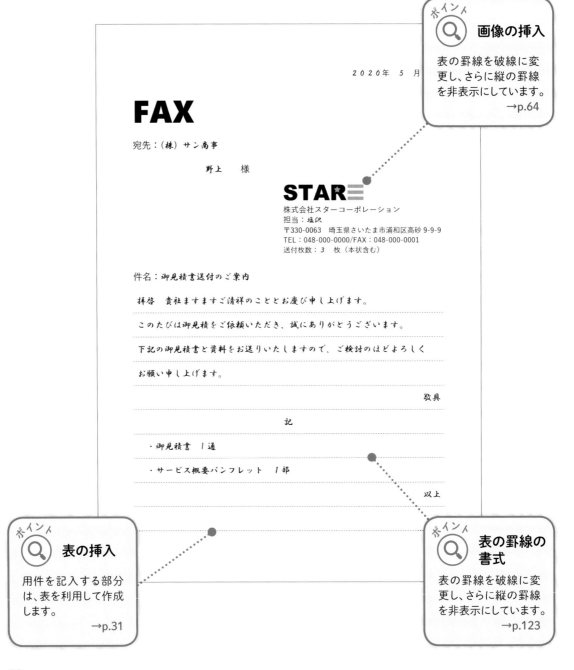

ポイント 🔍 **画像の挿入**

表の罫線を破線に変更し、さらに縦の罫線を非表示にしています。
→p.64

ポイント 🔍 **表の挿入**

用件を記入する部分は、表を利用して作成します。
→p.31

ポイント 🔍 **表の罫線の書式**

表の罫線を破線に変更し、さらに縦の罫線を非表示にしています。
→p.123

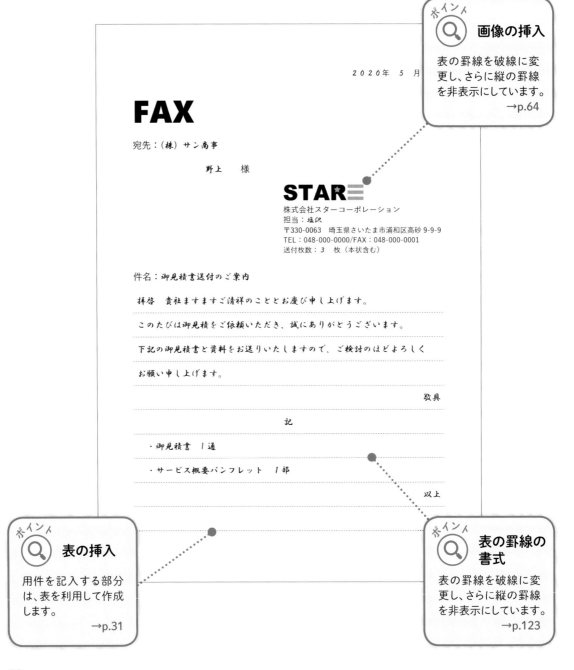の内容：

2020年 5 月

FAX

宛先：(株) サン商事

野上　　様

STAR
株式会社スターコーポレーション
担当：塩沢
〒330-0063　埼玉県さいたま市浦和区高砂9-9-9
TEL：048-000-0000/FAX：048-000-0001
送付枚数： 3　枚（本状含む）

件名：御見積書送付のご案内

拝啓　貴社ますますご清祥のこととお慶び申し上げます。

このたびは御見積をご依頼いただき、誠にありがとうございます。

下記の御見積書と資料をお送りいたしますので、ご検討のほどよろしく

お願い申し上げます。

敬具

記

・御見積書　1通

・サービス概要パンフレット　1部

以上

4枚に切り離して手書きで使う

伝言メモ

04_03伝言メモ.xlsx

手書きで記入する電話伝言メモです。
A4サイズの用紙に4枚分配置して、印刷してから切り離して利用します。

伝言メモ

武田 様

6月1 日13 時20 分頃

ムーン企画　星野 様から

お電話がありました。

☐ また電話します。
☐ 電話をください。
（　　　　　　　　）
☐ 電話があったことを伝えてください。
☑ 下記の用件でした。

請求書を6/20までにお送りください

受：

伝言メモ

様

月　日　時　分頃

様から

お電話がありました。

☐ また電話します。
☐ 電話をください。
（　　　　　　　　）
☐ 電話があったことを伝えてください。
☐ 下記の用件でした。

受：

伝言メモ

様

月　日　時　分頃

様から

お電話がありました。

☐ また電話します。
☐ 電話をください。
（　　　　　　　　）
☐ 電話があったことを伝えてください。
☐ 下記の用件でした。

受：

伝言メモ

様

月　日　時　分頃

様から

お電話がありました。

☐ また電話します。
☐ 電話をください。
（　　　　　　　　）
☐ 電話があったことを伝えてください。
☐ 下記の用件でした。

受：

ポイント

🔍 **記号の入力**

「☐」などの記号は、「しかく」と読みを入力して変換できます。

→p.59

ポイント

🔍 **セルのコピー**

1つの伝言メモを作成して書式を設定したら、セルをコピーして貼り付けます。

→p.125

はがきで作成する

転勤のあいさつ状

04_04あいさつ状
.docx

転勤や異動などの改まったあいさつ状、礼状は、縦書きで作成することをおすすめします。
この作例は、はがきサイズで作成してあります。

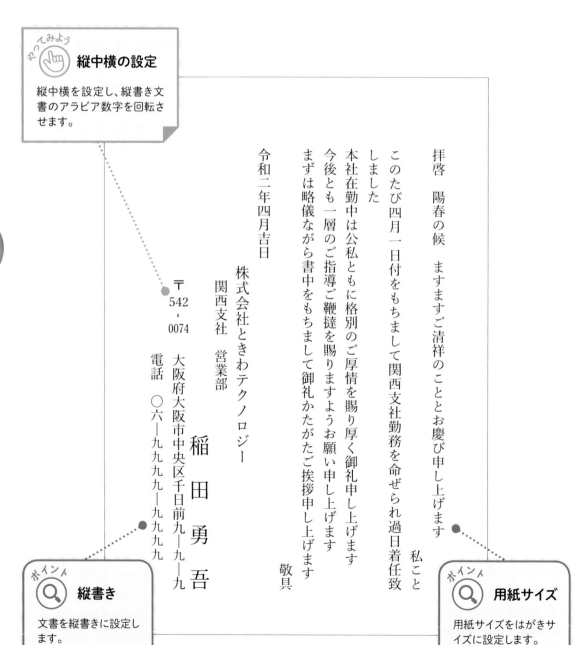

やってみよう 縦中横の設定

縦中横を設定し、縦書き文書のアラビア数字を回転させます。

拝啓　陽春の候　ますますご清祥のこととお慶び申し上げます

　このたび四月一日付をもちまして関西支社勤務を命ぜられ過日着任致しました

　本社在勤中は公私ともに格別のご厚情を賜り厚く御礼申し上げます

　今後とも一層のご指導ご鞭撻を賜りますようお願い申し上げます

　まずは略儀ながら書中をもちまして御礼かたがたご挨拶申し上げます

私こと

敬具

令和二年四月吉日

株式会社ときわテクノロジー
関西支社　営業部

〒542-0074
大阪府大阪市中央区千日前九―九―九
電話　〇六―九九九九―九九九九

稲田　勇吾

ポイント 縦書き

文書を縦書きに設定します。
→p.58

ポイント 用紙サイズ

用紙サイズをはがきサイズに設定します。
→p.57

縦中横を設定する

縦書きの文書で半角のアラビア数字を入力すると、90度回転してしまいます。
「縦中横」を設定すると、縦向きにすることができます。

1 縦向きにしたい文字を選択する

郵便番号の「542」をドラッグして選択します❶。

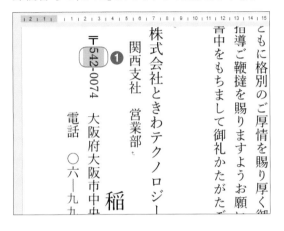

2 [縦中横]ダイアログボックスを表示する

[ホーム]タブをクリックして、[段落]グループの[拡張書式]をクリックし❶、[縦中横]をクリックします❷。

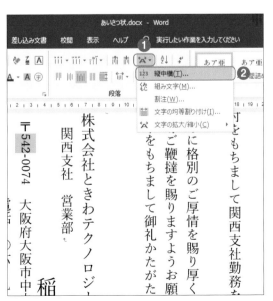

3 縦中横を設定する

[行の幅に合わせる]をオンにして❶、[OK]をクリックします❷。

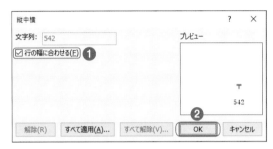

4 縦中横が設定された

縦中横が設定されます。「0074」も同様の手順で縦中横を設定します。

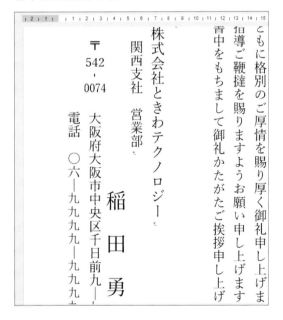

図形を組み合わせて作成する

フロア座席表

04_05フロア座席表
.docx

図形と直線、テキストボックスを利用して作成した座席表です。
図形に文字を入れ、氏名や内線番号、部署名を表示しています。

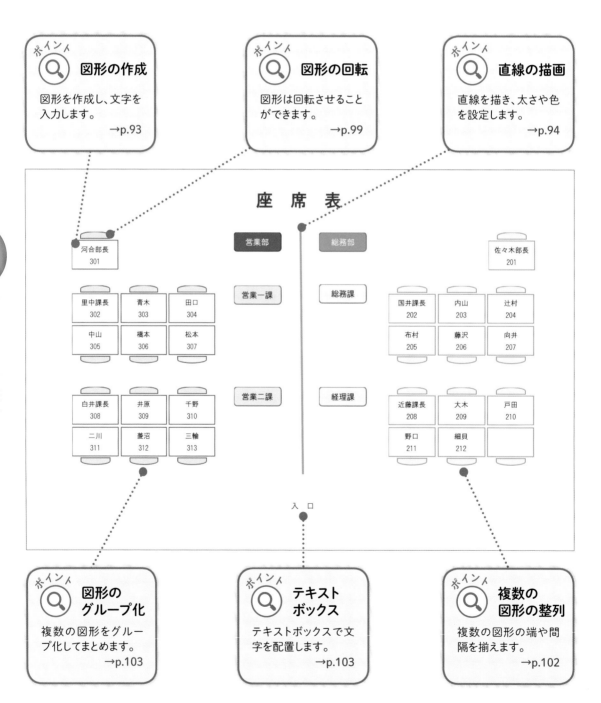

図形の作成
図形を作成し、文字を入力します。
→p.93

図形の回転
図形は回転させることができます。
→p.99

直線の描画
直線を描き、太さや色を設定します。
→p.94

図形のグループ化
複数の図形をグループ化してまとめます。
→p.103

テキストボックス
テキストボックスで文字を配置します。
→p.103

複数の図形の整列
複数の図形の端や間隔を揃えます。
→p.102

ワードの
基本操作

ワードで書類をつくるために覚えておくと便利な操作について解説します。
紹介されている手順を参考にすれば、本書の作例をつくるのに必要な
操作だけでなく、さまざまな書類をつくるのに役立ちます。

01 書類の仕上がり用紙サイズを決める

（ページ設定）

書類を作成する前に用紙の大きさを設定します。作成後でも変更できますが、レイアウトがずれてしまい調整するのが大変なので、最初に設定しておきましょう。

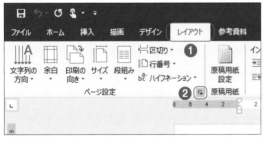

1 [ページ設定]ダイアログボックスを表示する

[レイアウト]タブをクリックし❶、[ページ設定]グループのダイアログボックス起動ツール🗔をクリックします❷。[ページ設定]ダイアログボックスが表示されます。

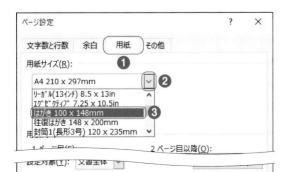

2 用紙サイズを選択する

[用紙]タブをクリックして❶、[用紙サイズ]欄の⌄をクリックし❷、一覧から用紙サイズを選択してクリックします❸。[OK]をクリックします❹。

[ページレイアウト]タブの[ページ設定]グループの[サイズ]をクリックしても用紙サイズを決めることができます。余白や文字数の設定が不要な場合はこちらから選択します。

02 文字方向を決める

ページ設定

既定では、文書は横書きで作成されます。縦書きにする場合は、文字方向の設定を変更します。

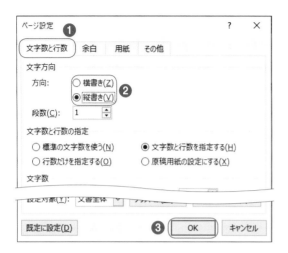

1 文字方向を設定する

[ページ設定]ダイアログボックスを表示します（p.57項目01手順1参照）。[文字数と行数]タブをクリックして❶、[文字方向]で[横書き]または[縦書き]をクリックし❷、[OK]をクリックします❸。

[縦書き]を選択すると、用紙の向きが自動的に[横]になります（項目03参照）。また、[レイアウト]タブの[文字列の方向]をクリックしても、文字列の方向を変更することができます。

03 用紙の余白と向きを決める

ページ設定

用紙サイズを設定したら、用紙の余白と向きも、書類を作成する前に設定しておきます。余白の大きさによって、1ページあたりの文字数や行数が異なります。

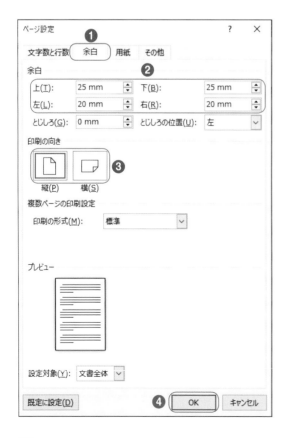

1 用紙の余白と向きを設定する

[ページ設定]ダイアログボックスを表示します（p.57項目01手順1参照）。[余白]タブをクリックして❶、[余白]の[上][下][左][右]にそれぞれの数値を入力します❷。[印刷の向き]で[縦]または[横]をクリックし❸、[OK]をクリックします❹。

使用しているプリンターの機種によって、設定できる余白の最小値が異なります。

04

入力・編集

記号を入力する

記号を入力するには、記号の読みを入力すると変換候補に表示されるので、目的の記号を選択します。

① 記号の読みを入力する

記号の読みを入力します❶。

「ゆうびん」、「まる」、「きろぐらむ」などの読みで入力できます。

② 記号を選択する

Enter を2回押すと変換候補が表示されるので、目的の記号を選択します❶。

変換候補に［環境依存］と表示されている記号は、環境によって文字化けする場合があります。

 ワンポイントアドバイス

［挿入］タブの［記号と特殊文字］グループの［記号と特殊文字］をクリックして、［その他の記号］をクリックすると表示される［記号と特殊文字］ダイアログボックスからも、記号を入力できます。エクセルの場合は、［挿入］タブの［記号と特殊文字］グループの［記号と特殊文字］をクリックすると、ダイアログボックスが表示されます。

05

入力・編集

URLやメールアドレスの下線を削除する

既定では、URLやメールアドレスを入力すると、自動的にリンクが設定され、フォントの色が青に変わり、下線が引かれます。書式を戻すにはリンクを削除します。

① ハイパーリンクを削除する

リンクが設定された文字列を右クリックして❶、［ハイパーリンクの削除］をクリックします❷。

クイックパーツに登録する

頻繁に入力する会社名や住所などは、「クイックパーツ」として登録しておくと、かんたんに挿入できます。

1 [新しい文書パーツの作成] ダイアログボックスを表示する

クイックパーツに登録する文字を選択して❶、[挿入]タブをクリックし、[テキスト]グループの[クイックパーツの表示]をクリックして❷、[選択範囲をクイックパーツギャラリーに保存]をクリックします❸。

📋 画像や図形、表などのオブジェクトを登録することもできます。

2 [新しい文書パーツの作成] ダイアログボックスを表示する

[名前]ボックスにクイックパーツの名前を入力し❶、[OK]をクリックします❷。

3 クイックパーツが登録されたことを確認する

[挿入]タブをクリックし、[テキスト]グループの[クイックパーツの表示]をクリックすると❶、登録したクイックパーツが表示されます❷。クリックすると、文書に挿入できます。

07 文字に下線を設定する

文字に下線を引くには、[ホーム]タブの[下線]を利用します。一重線だけでなく、二重線や波線なども設定できます。

書式設定

1 下線の種類を選択する

下線を設定する文字を選択して、[ホーム]タブをクリックし①、[フォント]グループの[下線] U▾ の▾をクリックして②、下線の種類を選択します③。

設定した下線を解除するには、文字を選択し、[下線] U▾ の U をクリックします。

08 段落の前後の間隔を設定する

段落の前後の間隔は、[段落]ダイアログボックスでそれぞれ変更することができます。

書式設定

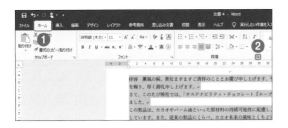

1 [段落]ダイアログボックスを表示する

段落の間隔を変更する段落を選択して、[ホーム]タブをクリックし①、[段落]グループのダイアログボックス起動ツールをクリックします②。

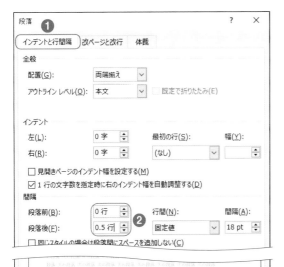

2 段落の間隔を設定する

[インデントと行間隔]タブをクリックして①、[段落前]または[段落後]に数値を入力し②、[OK]をクリックします③。

09 段落の配置を設定する

書式設定

文字を段落の中央や右に配置するには、[ホーム]タブの[段落]グループで設定します。

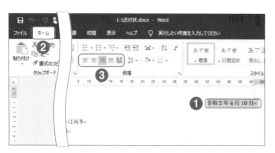

1 段落の配置を選択する

段落を選択して❶、[ホーム]タブをクリックし❷、[段落]グループで段落の配置の種類を選択します❸。

 ワンポイントアドバイス

設定できる段落の配置は、次のとおりです。

[左揃え]☰	[中央揃え]☰	[右揃え]☰	[両端揃え]☰	[均等割り付け]☰
貴社ますますご盛栄のこととお慶び申し上げます。	貴社ますますご盛栄のこととお慶び申し上げます。	貴社ますますご盛栄のこととお慶び申し上げます。	貴社ますますご盛栄のこととお慶び申し上げます。	貴社ますますご盛栄のこととお慶び申し上げます。

10 箇条書きを設定する

書式設定

行頭に「●」や「■」などの記号の付いた箇条書きを設定することができます。また、「1. 2. 3.」や「A) B) C)」などの段落番号を設定することもできます。

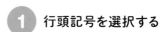
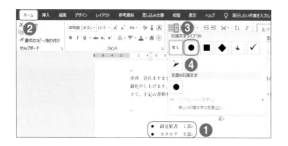

1 行頭記号を選択する

箇条書きを設定する段落を選択し❶、[ホーム]タブをクリックして❷、[段落]グループの[箇条書き]☰・の・をクリックし❸、行頭記号をクリックします❹。

 ワンポイントアドバイス

段落番号を設定するには、段落を選択し、[ホーム]タブをクリックして、[段落]グループの[段落番号]☰・の・をクリックし、目的の段落番号の種類をクリックします。[段落番号]☰・の☰をクリックすると、段落番号が解除されます。

11
表

セルの塗りつぶしの色を設定する

表のセルに色をつける場合は、[ホーム]タブの[段落]グループを利用します。

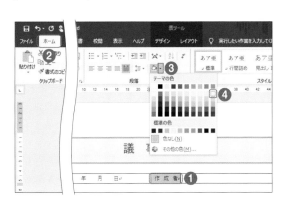

1 セルの塗りつぶしの色を選択する

表のセルを選択して❶、[ホーム]タブをクリックし❷、[段落]グループの[塗りつぶし]の▽をクリックして❸、目的の色をクリックします❹。

12
表

セルの文字を縦書きに設定する

セルの文字を縦書きに変更する場合は、[表ツール]の[レイアウト]タブを利用します。

1 セルの文字を縦書きにする

セルをクリックして❶、[表ツール]の[レイアウト]タブをクリックし❷、[配置]グループの[文字列の方向]をクリックします❸。

13
表

複数のセルを結合して1つにする

表内の隣接した複数のセルは、結合して1つにすることができます。

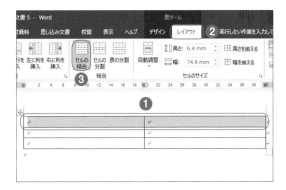

1 セルを結合する

結合するセルをドラッグして選択し❶、[表ツール]の[レイアウト]タブをクリックして❷、[結合]グループの[セルの結合]をクリックします❸。

14 画像を挿入する

画像

文書には、作成したイラストや、デジタルカメラで撮影した画像などを挿入することができます。ここではパソコンに保存されている画像を挿入する方法を解説します。

1 [図の挿入]ダイアログボックスを表示する

[挿入]タブをクリックし❶、[図]グループの[画像]をクリックします❷。

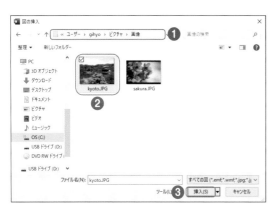

2 画像を選択する

画像ファイルの保存場所を指定して❶、目的の画像ファイルをクリックし❷、[挿入]をクリックします❸。

エクセルも同様の手順で画像を挿入できます。

15 画像のサイズを変更する

画像

画像のサイズを変更するには、画像を選択すると表示される白いハンドルをドラッグします。このとき、四隅のハンドルをドラッグすると、縦横比を保持できます。

1 ハンドルにマウスポインターを合わせる

画像をクリックして選択し、周囲の白いハンドルにマウスポインターを合わせます❶。

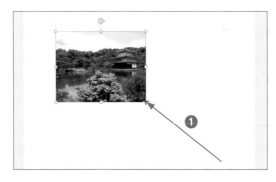

2 画像を選択する

目的の大きさになるまでドラッグします❶。

16 画像の文字列の折り返しを変更する

画像

既定では、画像を挿入した直後の文字列の折り返しは[行内]になっていて、このままだと画像を自由に移動することができないため、文字列の折り返しを変更します。

1 文字列の折り返しを変更する

画像をクリックして選択し、[レイアウトオプション] ⬚をクリックして❶、[四角形]をクリックします❷。

画像を選択して、[図ツール]の[書式]タブをクリックし、[配置]グループの[文字列の折り返し]をクリックしても変更できます。

17 画像を移動する

画像

画像を移動するには、画像にマウスポインターを合わせて、目的の位置までドラッグします。また、←→↑↓でも移動できます。

1 画像にマウスポインターを合わせる

画像をクリックして選択し、周囲の白いハンドルにマウスポインターを合わせます❶。

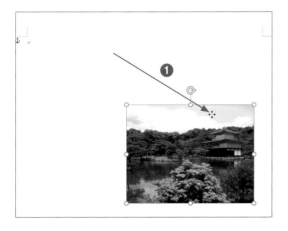

2 画像を移動する

目的の位置までドラッグします❶。

Shiftを押しながらドラッグすると、水平・垂直方向に移動できます。
また、Ctrlを押しながらドラッグすると、画像をコピーできます。

18 画像の明るさとコントラストを調整する

画像
画像の明るさやコントラスト（明暗の差）やシャープネスなどのかんたんな修整は、画像加工ソフトを利用しなくても、ワードやエクセルで行うことができます。

1 画像を選択する

画像をクリックして選択し❶、［図ツール］の［書式］タブをクリックします❷。

2 明るさとコントラストを指定する

［調整］グループの［修整］をクリックし❶、目的の明るさとコントラストの組み合わせをクリックします❷。

> 被写体の輪郭をはっきりさせたい場合はシャープネス、ぼかしたい場合はソフトネスを設定します。シャープネスとソフトネスは、左の画面の［シャープネス］から設定できます。

3 明るさとコントラストが変更された

画像の明るさとコントラストが変更されました。

> 明るさとコントラストを元に戻すには、手順2の画面で［明るさ0%（標準）　コントラスト0%（標準）］をクリックします。

19
画像

画像の一部を切り抜く

画像に不要な物が写り込んでいる場合は、「トリミング」を利用して、特定の範囲を切り抜くことができます。

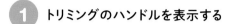

1 トリミングのハンドルを表示する

画像をクリックして選択し、[図ツール]の[書式]タブをクリックして❶、[トリミング]の🖾をクリックします❷。

2 ハンドルにマウスポインターを合わせる

画像の周囲に黒いハンドルが表示されるので、マウスポインターを合わせます❶。

3 切り抜く範囲を指定する

必要な部分が表示されるように、黒いハンドルをドラッグします❶。

4 トリミングを確定する

Esc を押して、トリミングを確定させます。

20 テーマの色を変更する

デザイン

フォントなどの色を設定するときに、[テーマの色]に表示される色を変更したい場合は、
文書の「配色」を変更します。

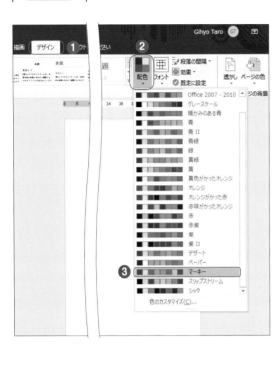

1 配色を変更する

[デザイン]タブをクリックして❶、[ドキュメントの書式設定]グループの[配色]をクリックし❷、目的の配色をクリックします❸。

 左図で[色のカスタマイズ]をクリックすると、オリジナルの配色パターンを作成できます。

エクセルの場合は、[ページレイアウト]タブをクリックして、[テーマ]グループの[配色]をクリックし、目的の配色をクリックします。

21 テーマのフォントを変更する

デザイン

フォントを設定するときに、[テーマのフォント]に表示されるフォントを変更したい場合は、
[デザイン]タブの[フォント]から変更します。

1 フォントの組み合わせを変更する

[デザイン]タブをクリックして❶、[ドキュメントの書式設定]グループの[フォント]をクリックし❷、目的のフォントの組み合わせをクリックします❸。

テーマのフォントは、英数字用の見出しと本文、日本語文字用の見出しと本文の4種類のフォントの組み合わせで構成されています。左図で[フォントのカスタマイズ]をクリックすると、オリジナルのフォントパターンを作成できます。

エクセルの場合は、[ページレイアウト]タブをクリックして、[テーマ]グループの[フォント]をクリックし、目的のフォントの組み合わせをクリックします。

22 ページ番号を挿入する

ページ余白部分にページ番号を表示させることができます。位置と書式のさまざまな組み合わせが用意されています。

1 ページ番号の位置と書式を選択する

［挿入］タブをクリックし、［ヘッダーとフッター］グループの［ページ番号］をクリックして❶、ページ番号の位置をクリックし❷、目的の書式をクリックします❸。

ページ番号を削除するには、左の画面で［ページ番号の削除］をクリックします。

23 ヘッダー・フッターを挿入する

ページの上部（ヘッダー）や下部（フッター）の余白には、日付やファイル名、文字などを挿入することができます。ここでは、ヘッダーに文字を入力する方法を解説します。

1 ヘッダーを編集できるようにする

［挿入］タブをクリックし、［ヘッダーとフッター］グループの［ヘッダー］をクリックして❶、［ヘッダーの編集］をクリックします❷。

フッターを挿入する場合は、［フッター］をクリックして、［フッターの編集］をクリックします。

2 ヘッダーに文字を入力する

ヘッダーにカーソルが表示されるので、文字を入力します❶。

［ヘッダー/フッターツール］の［デザイン］タブの［挿入］グループからは、日付や時刻、ファイル名などを挿入できます。

3 ヘッダーの編集を終了する

［ヘッダー/フッターツール］の［デザイン］タブをクリックし❶、［閉じる］グループの［ヘッダーとフッターを閉じる］をクリックします❷。

24 テンプレートとして保存する

申請書などの書類は、共通部分を作成してテンプレートとして保存しておきます。

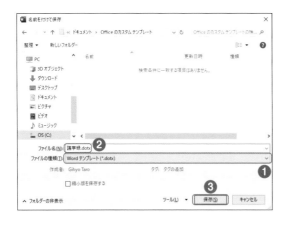

① テンプレート形式で保存する

［名前を付けて保存］ダイアログボックスを表示して、［ファイルの種類］で［Wordテンプレート(*.dotx)］を選択し①、［ファイル名］にファイル名を入力して②、［OK］をクリックします③。

［ファイルの種類］で［Wordテンプレート(*.dotx)］を選択すると、ファイルの保存先が自動的に［Officeのカスタムテンプレート］に設定されるので、変更しないようにします。

25 テンプレートから新規文書を作成する

テンプレートとして保存したファイルから新規文書を作成するには、［ファイル］タブの［新規］を利用します。

① テンプレートを選択する

［ファイル］タブをクリックして、［新規］をクリックし①、［個人用］をクリックして②、目的のテンプレートをクリックします③。

エクセルの基本操作

エクセルで書類をつくるために覚えておくと便利な操作について解説します。
紹介されている手順を参考にすれば、本書の作例をつくるのに必要な
操作だけでなく、さまざまな書類をつくるのに役立ちます。

01 書類の仕上がり用紙サイズと向きを決める

ページ設定

書類を作成する前に用紙の大きさと印刷の向きを設定します。作成後でも変更できますが、ページ範囲を確認するため、最初に設定しておきます。

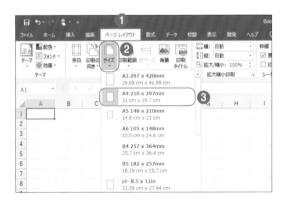

1 用紙サイズを設定する

[ページレイアウト]タブをクリックして❶、[ページ設定]グループの[サイズ]をクリックし❷、用紙サイズを選択します❸。

> 用紙サイズを設定すると、ページ区切りを示す破線がワークシートに表示されます。この破線を目安に文書を作成します。印刷の向きや余白を変更した場合なども破線が表示されます。

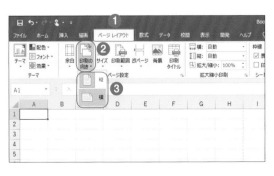

2 印刷の向きを設定する

[ページレイアウト]タブをクリックして❶、[ページ設定]グループの[印刷の向き]をクリックし❷、[縦]または[横]を選択します❸。

02

ページ設定

用紙の余白を決める

用紙サイズと印刷の向きを設定したら、書類を作成する前に余白も設定しておきます。

1 [ページ設定]ダイアログボックスを表示する

[ページレイアウト]タブをクリックし**①**、[ページ設定]グループのダイアログボックス起動ツール🔲をクリックします**②**。[ページ設定]ダイアログボックスが表示されます。

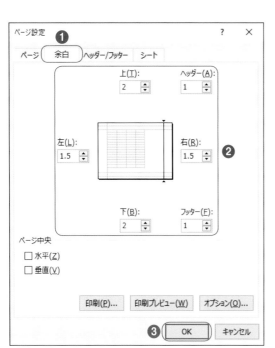

2 用紙の余白を設定する

[余白]タブをクリックして**①**、[上][下][左][右]にそれぞれの数値を入力し**②**、[OK]をクリックします**③**。

 使用しているプリンターの機種によって、設定できる余白の最小値が異なります。

💡 **ワンポイントアドバイス**

余白は、印刷プレビューからも設定することができます。印刷プレビュー右下の[余白の表示]🔲をクリックすると、余白とヘッダー・フッターの位置を示すグレーの線が表示されるので、ドラッグして変更します。

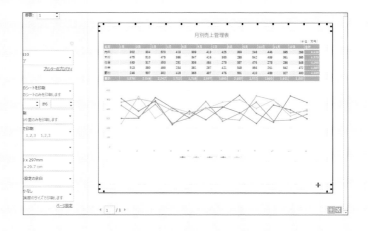

03 セルの文字の横の配置を設定する

（書式設定）

セルにデータを入力すると、数字は右揃え、文字列は左揃えで配置されます。文字の横の配置は、中央揃えや両端揃えなどに変更することもできます。

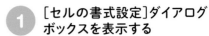

1 ［セルの書式設定］ダイアログボックスを表示する

セルを選択し❶、［ホーム］タブをクリックして❷、［配置］グループのダイアログボックス起動ツールをクリックします❸。

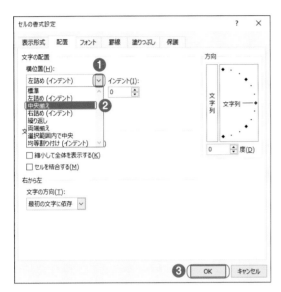

2 配置を設定する

［横位置］の✓をクリックし❶、目的の配置をクリックして❷、［OK］をクリックします❸。

左揃え、中央揃え、右揃えは、［ホーム］タブの［配置］グループからも設定できます。

04 セルの文字の縦の配置を設定する

（書式設定）

セルにデータを入力すると、上下中央揃えで配置されます。文字の縦の配置は、上揃え、下揃え、均等割り付けなどに変更することができます。

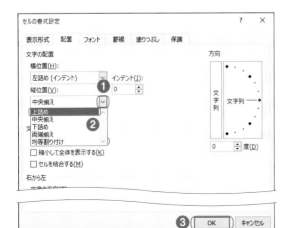

1 配置を設定する

［セルの書式設定］ダイアログボックスの［配置］タブを表示して、［縦位置］の✓をクリックし❶、目的の配置をクリックして❷、［OK］をクリックします❸。

上揃え、上下中央揃え、下揃えは、［ホーム］タブの［配置］グループからも設定できます。

05 セルの文字の開始位置を変更する

書式設定

セルの文字の開始位置を変更して、セルの枠線と文字の間隔を調整したい場合は、「インデント」を設定します。

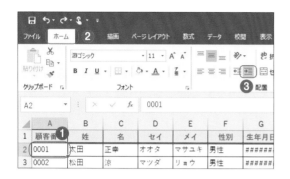

1 インデントを設定する

セルを選択し❶、[ホーム]タブをクリックして❷、[配置]グループの[インデントを増やす]をクリックします❸。

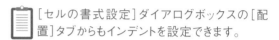

[セルの書式設定]ダイアログボックスの[配置]タブからもインデントを設定できます。

2 インデントが設定された

インデントが設定されました❶。

06 セルの文字を折り返して表示する

書式設定

セルの幅よりも文字数が多いと、表示されないことがあります。その場合は、文字を折り返して表示すると、行の高さが調整され、すべての文字が表示されます。

1 折り返して全体を表示する

セルを選択し❶、[ホーム]タブをクリックして❷、[配置]グループの[折り返して全体を表示する]をクリックします❸。

2 文字が折り返された

文字が折り返され、全体が表示されました❶。

ワンポイントアドバイス

すべての文字を表示させるには、文字を縮小させる方法もあります。その場合は、[セルの書式設定]ダイアログボックスの[配置]タブの[縮小して全体を表示する]をオンにします。

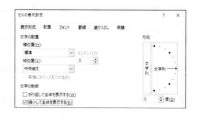

07 セルの塗りつぶしの色を設定する

書式設定

セルに色をつける場合は、［ホーム］タブの［フォント］グループから設定します。

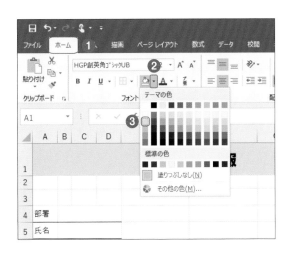

1 塗りつぶしの色を選択する

セルを選択し、［ホーム］タブをクリックして❶、［フォント］グループの［塗りつぶしの色］🎨▾の▾をクリックし❷、色を選択します❸。

08 罫線の種類を設定する

書式設定

セルの罫線は、二重線や破線などに設定することもできます。また、罫線の色も変更できます。

1 ［セルの書式設定］ダイアログボックスを表示する

セルを選択し、［ホーム］タブをクリックして❶、［フォント］グループのダイアログボックス起動ツール🔲をクリックします❷。

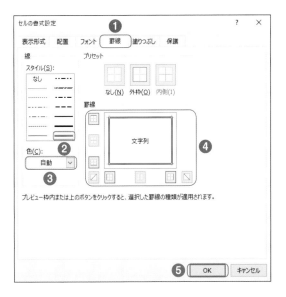

2 罫線を設定する

［罫線］タブをクリックして❶、［スタイル］で罫線の種類を選択し❷、［色］で罫線の色を選択します❸。［罫線］のボタンをクリックして罫線を引く箇所を指定し❹、［OK］をクリックします❺。

09

セルの操作

セルの内容を隣接するセルにコピーする

セルの数値や数式などを隣接するセルにコピーする場合は、セルの右下に表示されるフィルハンドルをドラッグします。

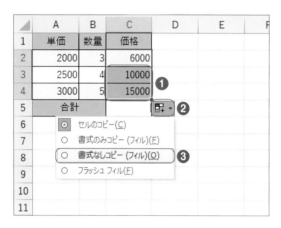

1 フィルハンドルをドラッグする

数式が入力されているコピー元のセル[C2]をクリックして、右下に表示されるフィルハンドルにマウスポインターを合わせ❶、セル[C4]までドラッグします❷。

2 書式のコピーの設定をする

セル範囲[C3:C4]に数式がコピーされます❶。[オートフィルオプション]をクリックし❷、[書式なしコピー]をクリックすると❸、書式が元に戻ります。

📋 数式や関数をコピーすると、参照元のセル番地が自動的に修正されます。

10

セルの操作

複数のセルを結合する

複数のセルを結合して1つのセルにするには、[ホーム]タブの[配置]グループから設定します。

1 セルを結合する

セルをドラッグして選択し❶、[ホーム]タブをクリックして❷、[配置]グループの[セルを結合して中央揃え]をクリックします❸。

2 セルが結合された

選択したセルが結合されます。

11 一部の列を非表示にする

セルの操作

列や行は一時的に非表示にすることができます。なお、非表示にした列や行は、印刷されません。

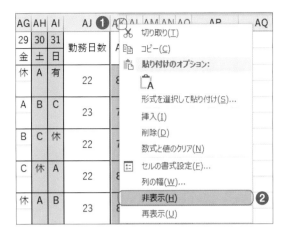

1 列を非表示にする

非表示にする列の列番号をドラッグして選択し、右クリックして❶、[非表示]をクリックします❷。

行を非表示にする場合は、行番号をドラッグして選択します。

2 列が非表示になる

列が非表示になります。非表示になっている列の列番号にマウスポインターを合わせると、↔になるので❶、ダブルクリックすると、列が再表示されます。

非表示になっている両隣の列をドラッグして、右クリックし、[再表示]をクリックしても再表示されます。

12 文字の長さに合わせて列の幅を自動で調整する

セルの操作

セル内の文字がすべて表示されるように、文字の長さに合わせて列の幅を変更したい場合は、列番号の右側の境界線をダブルクリックします。

1 列の幅を自動調整する

調整したい列の列番号の右側の境界線にマウスポインターを合わせ❶、ダブルクリックします。

2 列の幅が自動調整された

列の幅が変更されました❶。

77

列の幅を手動で調整する

列の幅は、列の境界線をドラッグしても調整できます。また、数値で指定することもできます。

A	B	C	D	E	F	G	H	I
1	顧客番号	姓	名	セイ	メイ	性別	生年月日	郵便番号	都道府県
2	0001	太田	正幸	オオタ	マサユキ	男性	######	745-0856	山口県
3	0002	松田	涼	マツダ	リョウ	男性	######	635-0012	奈良県
4	0003	森嶋	妙子	モリシマ	タエコ	女性	######	211-0063	神奈川県
5	0004	重野	紗代	シゲノ	サヨ	女性	######	916-0075	福井県
6	0005	恩田	智明	オンダ	トモアキ	男性	1980/2/2	857-0431	長崎県
7	0006	後藤	さやか	ゴトウ	サヤカ	女性	######	907-0242	沖縄県
8	0007	中原	裕太	ナカハラ	ユウタ	男性	######	517-0703	三重県
9	0008	市川	みのり	イチカワ	ミノリ	女性	######	583-0876	大阪府
10	0009	酒井	圭史	サカイ	ケイシ	男性	1962/5/9	028-0516	岩手県

1 列の境界線にマウスポインターを合わせる

調整したい列の列番号の右側の境界線にマウスポインターを合わせます❶。

📋 複数の列を選択してからドラッグすると、まとめて調整できます。

A2　fx　0001　　幅: 12.00 (101 ピクセル)

A	B	C	D	E	F	G	H	I
1	顧客番号	姓	名	セイ	メイ	性別	生年月日	郵便番号	都道府県
2	0001	太田	正幸	オオタ	マサユキ	男性	######	745-0856	山口県
3	0002	松田	涼	マツダ	リョウ	男性	######	635-0012	奈良県
4	0003	森嶋	妙子	モリシマ	タエコ	女性	######	211-0063	神奈川県
5	0004	重野	紗代	シゲノ	サヨ	女性	######	916-0075	福井県
6	0005	恩田	智明	オンダ	トモアキ	男性	1980/2/2	857-0431	長崎県
7	0006	後藤	さやか	ゴトウ	サヤカ	女性	######	907-0242	沖縄県
8	0007	中原	裕太	ナカハラ	ユウタ	男性	######	517-0703	三重県
9	0008	市川	みのり	イチカワ	ミノリ	女性	######	583-0876	大阪府
10	0009	酒井	圭史	サカイ	ケイシ	男性	1962/5/9	028-0516	岩手県

2 列の幅を調整する

目的の幅になるまで左右にドラッグします❶。ドラッグしている間は、マウスポインター上部に列幅の値が表示されます。

A	B	C	D	E	F	G	H
1	顧客番号	姓	名	セイ	メイ	性別	生年月日	郵便番号	都
2	0001	太田	正幸	オオタ	マサユキ	男性	1972/6/14	745-0856	山口
3	0002	松田	涼	マツダ	リョウ	男性	1948/6/19	635-0012	奈良
4	0003	森嶋	妙子	モリシマ	タエコ	女性	1965/7/24	211-0063	神奈
5	0004	重野	紗代	シゲノ	サヨ	女性	1970/1/14	916-0075	福井
6	0005	恩田	智明	オンダ	トモアキ	男性	1980/2/2	857-0431	長崎
7	0006	後藤	さやか	ゴトウ	サヤカ	女性	1992/3/18	907-0242	沖縄
8	0007	中原	裕太	ナカハラ	ユウタ	男性	1981/1/20	517-0703	三重
9	0008	市川	みのり	イチカワ	ミノリ	女性	1995/5/31	583-0876	大阪
10	0009	酒井	圭史	サカイ	ケイシ	男性	1962/5/9	028-0516	岩手

3 列の幅が変更された

列の幅が変更されました❶。

💡 ワンポイントアドバイス

列の幅を数値で指定するには、目的の列を選択し、[ホーム]タブをクリックして、[セル]グループの[書式]をクリックし、[列の幅]をクリックします。[列の幅]ダイアログボックスが表示されるので、[列の幅]ボックスに数値を入力し、[OK]をクリックします。

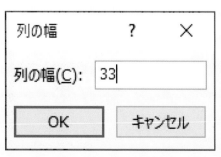

💡 ワンポイントアドバイス

行の高さを変更するには、変更したい行の行番号の下の境界線にマウスポインターを合わせ、上下にドラッグします。
また、行の高さを数値で指定するには、目的の行を選択し、[ホーム]タブをクリックして、[セル]グループの[書式]をクリックし、[行の高さ]をクリックします。[行の高さ]ダイアログボックスが表示されるので、[行の高さ]ボックスに数値を入力し、[OK]をクリックします。

14

セルの操作

連続したデータを入力する

「1、2、3…」「月、火、水…」などの連続したデータを入力する場合は、セルの右下に表示されるフィルハンドルをドラッグします。

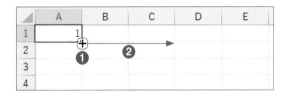

1 フィルハンドルをドラッグする

セルをクリックして、右下に表示されるフィルハンドルにマウスポインターを合わせ❶、連続データを入力したいセルまでドラッグします❷。

2 オートフィルオプションを設定する

セルにデータが入力されます❶。セルがコピーされてしまった場合は、[オートフィルオプション]をクリックし❷、[連続データ]をクリックします❸。

3 連続データが入力される

連続データが入力されます。

ワンポイントアドバイス

1から200までのように、多くの連続データを入力する場合は、ドラッグするよりも[連続データ]ダイアログボックスを利用したほうが効率的です。

最初のデータを入力したセルを選択し、[ホーム]タブをクリックして、[編集]グループの[フィル]をクリックし、[連続データの作成]をクリックします。[連続データ]ダイアログボックスが表示されるので、範囲や増分値、停止値などを設定し、[OK]をクリックします。

15

セルの操作

「0001」と表示されるようにする

セルに「0001」と入力すると、既定では「1」と表示されてしまいます。入力したとおりに「0001」と表示されるようにするには、セルの表示形式を設定します。

1 表示形式を[文字列]に設定する

表示形式を設定するセルをクリックして選択し❶、[ホーム]タブをクリックして❷、[数値]グループの[数値の書式]の⌄をクリックして❸、[文字列]をクリックします❹。

[セルの書式設定]ダイアログボックス(p.73参照)の[表示形式]タブの[分類]で[文字列]をクリックしても、表示形式を変更できます。

16

セルの操作

金額の表示形式を設定する

数値に「¥」などの通貨記号や桁区切りの「,(カンマ)」を付けたい場合は、それらの記号をセルに入力するのではなく、表示形式を設定します。

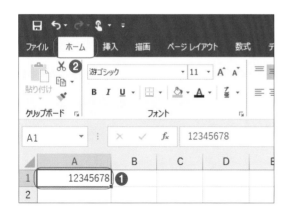

1 セルを選択する

表示形式を設定するセルをクリックして選択し❶、[ホーム]タブをクリックします❷。

[セルの書式設定]ダイアログボックス(p.73参照)の[表示形式]タブの[通貨]または[会計]からも、金額の表示形式を設定できます。

2 通貨の表示形式を設定する

[数値]グループの[通貨表示形式]🖳・の🖳をクリックします❶。

[通貨表示形式]🖳・の⌄をクリックすると、「$」や「€」など、他の通貨記号を選択できます。

3 通貨の表示形式が設定された

数値の先頭に「¥」、3桁ごとに「,(カンマ)」が表示されます。

17 数値に「円」を付けた表示形式を設定する

セルの操作

金額を表示するときに、数値の末尾に「円」を付けて表示させたい場合は、ユーザー定義の表示形式を設定します。

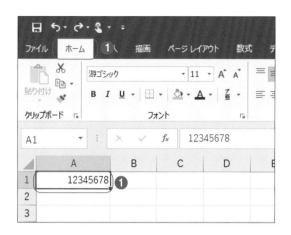

1 セルを選択する

表示形式を設定するセルをクリックして選択し❶、[ホーム]タブをクリックします❷。

2 [セルの書式設定] ダイアログボックスを表示する

[数値]グループのダイアログボックス起動ツール ▣ をクリックします❶。

3 「,」と「円」を付ける表示形式を設定する

[表示形式]タブをクリックして❶、[分類]欄で[ユーザー定義]をクリックします❷。[種類]欄に「#,##0"円"」と入力し❸、[OK]をクリックします❹。

> 📋 [種類]欄に「#,##0"円"」と入力するとデータが「0」の場合に「0円」と表示され、「#,###"円"」と入力すると「円」と表示されます。また、桁区切りの「,(カンマ)」が不要の場合は、「0"円"」と入力します。

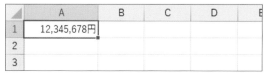

4 表示形式が設定された

3桁ごとに「,(カンマ)」、数値の末尾に「円」が表示されます。

18 | 日付の表示形式を設定する

日付は、「1/1」と入力すると、自動的に「1月1日」と表示されますが、さまざまな形式を設定することができます。ここでは、「2020年1月1日」と表示させる方法を解説します。

1 セルを選択する

表示形式を設定するセルをクリックして選択し❶、[ホーム]タブをクリックします❷。

2 日付の表示形式を設定する

[数値]グループの[数値の書式]の⌄をクリックして❶、[長い日付形式]をクリックします❷。

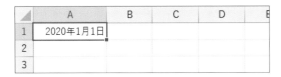

3 表示形式が設定された

日付が「2020年1月1日」のような形式で表示されます。

ワンポイントアドバイス

日付の表示形式は、[セルの書式設定]ダイアログボックス(p.73参照)の[表示形式]タブの[日付]からも設定できます。[カレンダーの種類]で[和暦]を選択すると、元号付きで表示させることができます。

19 曜日を表示する

セルの操作

日付の曜日を表示させる場合は、ユーザー定義の表示形式を利用します。

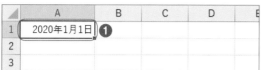

① [セルの書式設定]ダイアログ ボックスを表示する

表示形式を設定するセルをクリックして選択し①、Ctrl+1を押します。

② 曜日を表示させる表示形式を設定する

[表示形式]タブをクリックして①、[分類]欄で[ユーザー定義]をクリックします②。[種類]欄に「aaa」と入力し③、[OK]をクリックします。

📋 「2020年1月1日(水)」と表示させたい場合は、[種類]欄に「yyyy"年"m"月"d"日"" ("aaa")"」と入力します。

20 入力モードが自動的に切り替わるようにする

セルの操作

データベースを入力するときなど、セルによって日本語と半角英数字の入力モードが自動的に切り替わるように設定できます。

① [データの入力規則]ダイアログ ボックスを表示する

入力モードを設定するするセルを選択し①、[データ]タブをクリックして②、[データツール]グループの[データの入力規則]をクリックします③。

② 入力モードを設定する

[日本語入力]タブをクリックして①、[日本語入力]の⎵をクリックし②、入力モードを選択して③、[OK]をクリックします④。

📋 日本語の場合は[ひらがな]、半角英数字の場合は[オフ(英数モード)]を選択します。

21 数式を入力する

数式·関数

数式は、「=」と数値、算術演算子(+、−、*、/)などで構成します。数値の代わりにセル番地を指定することもできます。

B2	▼	:	×	✓	fx	=A2*B2	
▲	A	B	C	D	E		F
1	単価	数量	価格				
2	2000	3	=A2*B2				
3	❷2500	❹4 ❶ ❸					
4	3000	5					
5	合計						
6							

❶ 掛け算を入力する

セル[C2]をクリックして「=」を入力し❶、セル[A2]をクリックすると❷、自動的にセル[C2]に[A2]が入力されます。「*」を入力して❸、セル[B2]をクリックし❹、Enterを押します。

▲	A	B	C	D	E	F
1	単価	数量	価格			
2	2000	3	6000 ❶			
3	2500	4				
4	3000	5				
5	合計					
6						

❷ 計算結果が表示される

セル[C2]に、セル[A2]とセル[B2]の積が表示されます❶。

22 合計を求める

数式·関数

大量の数値の合計を求める場合は、演算子を利用するよりも、合計を求める「SUM関数」を利用したほうが効率的です。

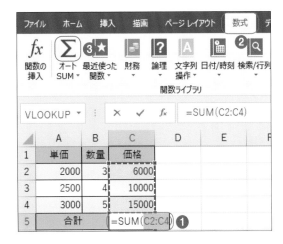

❶ SUM関数を入力する

セル[C5]をクリックして❶、[数式]タブをクリックし、❷、[関数ライブラリ]グループの[オートSUM]のアイコン部分Σをクリックします❸。計算式の内容が表示され、自動的に計算対象となるセル範囲が破線で囲まれるので、確認してEnterを押します。

▲	A	B	C	D	E	F
1	単価	数量	価格			
2	2000	3	6000			
3	2500	4	10000			
4	3000	5	15000			
5	合計		31000 ❶			

❷ 計算結果が表示される

セル[C5]に、セル範囲[C2:C4]の数値の合計が表示されます❶。

23 小数点以下の数値を切り捨てる

（数式・関数）

消費税額を求める場合など、小数点以下の数値を切り捨てたい場合は、「ROUNDDOWN 関数」を利用します。

1 ROUNDDOWN関数を指定する

セル［B1］をクリックして❶、［数式］タブをクリックし❷、［関数ライブラリ］グループの［数学/三角］をクリックして❸、［ROUNDDOWN］をクリックします❹。

2 引数を指定する

［数値］欄に「A1」と入力して❶、［桁数］欄に「0」と入力し❷、［OK］をクリックします❸。

3 切り捨てた数値が表示された

セル［A1］の小数点以下を切り捨てた数値が表示されます。

ワンポイントアドバイス

「ROUNDDOWN関数」は、指定した桁数で数値を切り捨てる関数です。
引数「数値」には、切り捨てる対象となる数値やセルを指定します。
「桁数」には、切り捨てた結果の小数点以下の桁数を指定します。
桁数で指定する数は、次のようになります。

- ・2　小数点以下第3位を切り捨てます。
- ・1　小数点以下第2位を切り捨てます。
- ・0　小数点以下第1位を切り捨てます。
- ・-1　1の位を切り捨てます。
- ・-2　10の位を切り捨てます。

ここでは、小数点以下を切り捨てるので、「0」を指定します。

ワンポイントアドバイス

数値を四捨五入するには、「ROUND関数」（=ROUND(数値,桁数)）を利用します。
また、数値を切り上げるには、「ROUNDUP

関数」（=ROUNDUP(数値,桁数)）を利用します。

24 ふりがなが自動的に表示されるようにする

数式・関数

ふりがなは、「PHONETIC関数」を利用すれば、別のセルに自動的に表示させることができます。

1 ふりがなを表示するセルを選択する

セル［D2］をクリックして選択します❶。

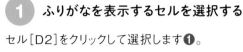

2 PHONETIC関数を指定する

［数式］タブをクリックし❶、［関数ライブラリ］グループの［その他の関数］をクリックし❷、［情報］をクリックして❸、［PHONETIC］をクリックします❹。

> 「PHONETIC関数」は、指定した範囲の文字からふりがなを抽出する関数です。引数「範囲」には、ふりがなの元となる文字列が入力されているセルを指定します。

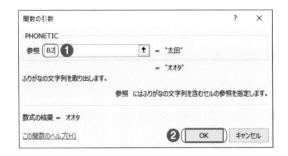

3 引数を指定する

［参照］欄に「B2」と入力して❶、［OK］をクリックします❷。

4 ふりがなが表示された

セル［B2］の漢字のふりがなが表示されます❶。

表の見出しを固定する

横や縦に長い表は、スクロールすると表の見出しが見えなくなってしまいます。ここでは、「ウィンドウ枠の固定」を利用して、行と列を同時に固定する方法を解説します。

① セルを選択する

セル[D2]をクリックして選択します❶。

> 行と列を同時に固定する場合は、固定する行と列を除いた先頭のセルを選択し、境界線の位置を指定します。
> ここでは、行[1]と列[A:C]を固定するため、セル[D2]を選択しています。

② ウィンドウ枠を固定する

[表示]タブをクリックして❶、[ウィンドウ]グループの[ウィンドウ枠の固定]をクリックし❷、[ウィンドウ枠の固定]をクリックします❸。

> 行[1]だけを固定する場合は、左の画面で[先頭行の固定]をクリックします。また、列[A]だけを固定する場合は、[先頭列の固定]をクリックします。

③ ウィンドウ枠が固定された

行[1]と列[A:C]が固定されました。

④ 画面をスクロールする

行[2]以降と列[C]以降をスクロールできます。

💡 ワンポイントアドバイス

ウィンドウ枠の固定を解除するには、[表示]タブをクリックして、[ウィンドウ]グループの[ウィンドウ枠の固定]をクリックし、[ウィンドウ枠固定の解除]をクリックします。

26

印刷

文書の一部だけを印刷する

シートの一部だけを印刷する場合は、印刷範囲を指定したり、選択した部分だけを印刷したりすることができます。

1 印刷する範囲を選択する

印刷する範囲をドラッグして選択します❶。

2 印刷範囲として設定する

[ページレイアウト]タブをクリックして❶、[ページ設定]グループの[印刷範囲]をクリックし❷、[印刷範囲の設定]をクリックします❸。

📋 印刷範囲を解除するには、左の画面で[印刷範囲のクリア]をクリックします。

3 印刷する範囲が設定された

印刷範囲が設定され、印刷範囲を示す実線が表示されます。

 ワンポイントアドバイス

印刷範囲を設定すると、設定を解除しない限り有効になります。一時的に特定の範囲だけ印刷したい場合は、印刷したい範囲を選択し、[ファイル]タブをクリックして、[印刷]をクリックします。[作業中のシートを印刷]をクリックして、[選択した部分を印刷]をクリックします。

27 改ページ位置を変更する

印刷

複数ページの文書を印刷するときには、改ページプレビュー表示に切り替えて、改ページの位置を確認し、必要に応じて位置を変更します。

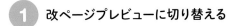

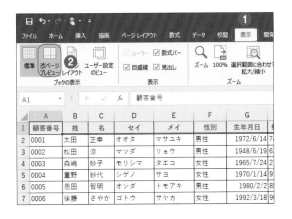

1 改ページプレビューに切り替える

[表示]タブをクリックし❶、[ブックの表示]グループの[改ページプレビュー]をクリックします❷。

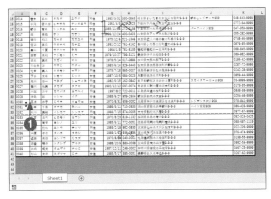

2 改ページ位置を変更する

改ページプレビューに切り替わり、自動的に挿入された改ページの位置が青い破線で表示されます。改ページの位置にマウスポインターを合わせ、ドラッグします❶。

外側の青い実線は印刷範囲を示しています。

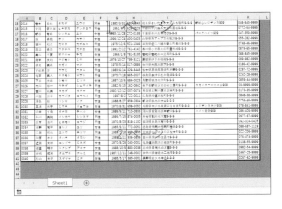

3 改ページ位置が変更された

改ページ位置が変更され、改ページ位置を示す線が破線から実線に変わります。

標準表示に戻すには、[表示]タブをクリックし、[ブックの表示]グループの[標準]をクリックします。

ワンポイントアドバイス

任意に改ページを挿入するには、改ページを挿入する下の行の左端のセルをクリックして選択し、[ページレイアウト]タブをクリックして、[ページ設定]グループの[改ページ]をクリックし、[改ページ]をクリックします。

28

印刷

用紙の中央に印刷する

既定では、データは用紙の左上に印刷されます。小さい表などの場合は、バランスがよくないので、必要に応じて用紙の左右中央や上下中央に配置されるように変更します。

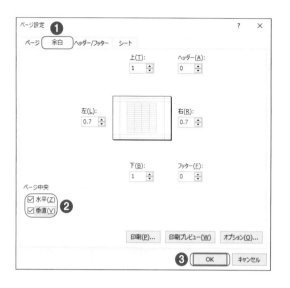

1 上下左右中央に配置する

[ページ設定]ダイアログボックスを表示して（p.72参照）、[余白]タブをクリックし**❶**、[水平]と[垂直]をオンにして**❷**、[OK]をクリックします**❸**。

📋 [水平]をオンにすると左右中央に、[垂直]をオンにすると上下中央に配置されます。

29

印刷

すべての列を1ページに収めて印刷する

横に長い表を印刷するとき、ページを分けたくない場合は、すべての列が1ページに収まるように縮小して印刷することができます。

1 列を1ページに収める

[ファイル]タブをクリックして、[印刷]をクリックし**❶**、[拡大縮小なし]をクリックして**❷**、[すべての列を1ページに印刷]をクリックします**❸**。

すべてのページに見出し行や列を印刷する

30

（印刷）

複数ページにわたる表の場合、見出し行や列が1ページ目にしか印刷されず、何のデータかわからなくなります。印刷タイトルを利用すると、すべてのページに印刷されます。

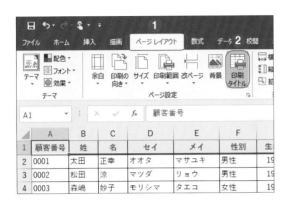

① [ページ設定]ダイアログボックスを表示する

[ページレイアウト]タブをクリックして①、[ページ設定]グループの[印刷タイトル]をクリックします②。

② [ページ設定]ダイアログボックスが表示される

[シート]タブをクリックして①、タイトル行を設定する場合は[タイトル行]欄、タイトル列を設定する場合は[タイトル列]欄をクリックします②。

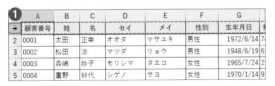

③ タイトル行またはタイトル列を指定する

タイトル行を設定する場合は行番号、タイトル列を設定する場合は列番号をクリックします①。

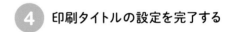

④ 印刷タイトルの設定を完了する

[タイトル行]または[タイトル列]が設定されていることを確認し①、[OK]をクリックします②。

91

31

ファイル

PDF形式で保存する

ファイルをPDF形式で保存すると、エクセルがインストールされていないパソコンでも、
無料の「Adobe Acrobat Reader」などのアプリでファイルを表示することができます。

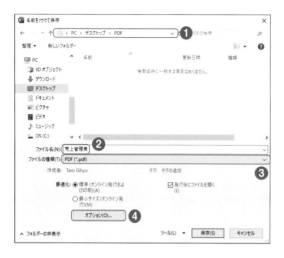

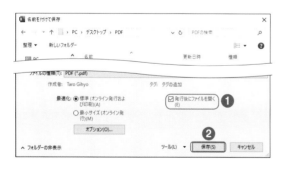

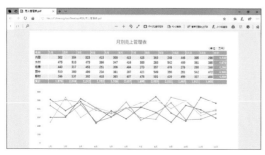

① ファイルの種類をPDFに指定する

[名前を付けて保存]ダイアログボックスを表示して
(p.10参照)、ファイルの保存場所を指定し❶、[ファ
イル名]にファイルの名前を入力して❷、[ファイ
ルの種類]で[PDF(*.pdf)]を選択し❸、[オプショ
ン]をクリックします❹。

📋 ワードでも同様の手順でPDF形式で保存す
ることができます。ただし、[オプション]ダイア
ログボックスの画面が異なります。

② オプションを設定する

ページ範囲などを設定し❶、[OK]をクリックします
❷。

③ 保存する

[発行後にファイルを開く]がオンになっていること
を確認し❶、[保存]をクリックします❷。

④ PDFファイルが表示される

Windows 10の場合、既定ではMicrosoft Edge
が起動して、PDFファイルが表示されます。

図形の

基本操作

図形の基本操作をマスターすれば、さまざまな図を作成することができます。
ここでは図形の必要最低限の操作を解説します。
なお、ワードを利用していますが、エクセルも同様の操作で行えます。

01

(描画)

図形を作成する

四角形や円などの基本的な図形を作成するには、図形の種類を選択して、目的の大きさ
でドラッグします。

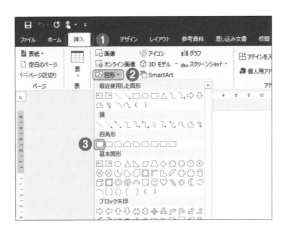

1 図形の種類を選択する

[挿入]タブをクリックし①、[図]グループの[図形]
をクリックして②、作成する図形(ここでは[正方
形/長方形])をクリックします③。

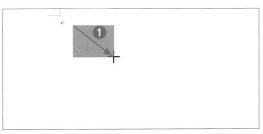

2 図形を描く

目的の大きさになるように斜めにドラッグします①。

 [Shift]を押しながらドラッグすると、正方形
や正円のように縦横比を保持して図形を作成
できます。

02 直線を引く

描画

直線を引く場合は、[線]を利用します。目的の角度・長さでドラッグします。

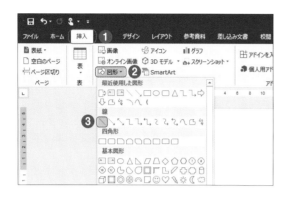

1 [線]を選択する

[挿入]タブをクリックし❶、[図]グループの[図形]をクリックして❷、[線]をクリックします❸。

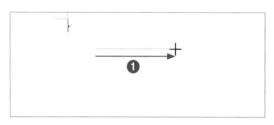

2 直線を描く

目的の角度・長さになるようにドラッグします❶。

> [Shift]を押しながらドラッグすると、水平・垂直・45度の線が描けます。

03 曲線を引く

描画

曲線を引く場合は、[曲線]を利用します。始点とカーブする位置でクリックし、終点でダブルクリックします。

1 [曲線]を選択する

[挿入]タブをクリックし❶、[図]グループの[図形]をクリックして❷、[曲線]をクリックします❸。

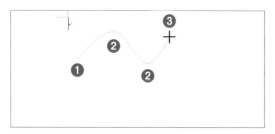

2 曲線を描く

始点でクリックして❶、カーブする位置でクリックし❷、終点でダブルクリックします❸。

04 塗りつぶしの色を変更する

書式

図形の塗りつぶしの色を変更する場合は、[描画ツール]の[書式]タブの[図形の塗りつぶし]を利用します。

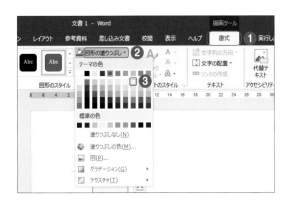

1 塗りつぶしの色を選択する

図形をクリックして選択し、[描画ツール]の[書式]タブをクリックして❶、[図形のスタイル]グループの[図形の塗りつぶし]をクリックし❷、目的の色をクリックします❸。

[図形の塗りつぶし]からは、図形にグラデーションやテクスチャを設定することもできます。

05 図形の枠線の色を変更する

書式

図形の枠線の色を変更する場合は、[描画ツール]の[書式]タブの[図形の枠線]を利用します。直線や曲線の色も同じ手順で変更できます。

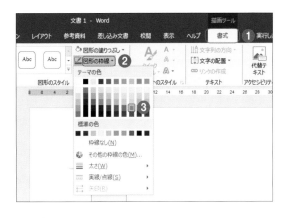

1 枠線の色を選択する

図形をクリックして選択し、[描画ツール]の[書式]タブをクリックして❶、[図形のスタイル]グループの[図形の枠線]をクリックし❷、目的の色をクリックします❸。

 ワンポイントアドバイス

[図形の枠線]からは、線の太さ、点線などの線の種類、矢印を設定することもできます。

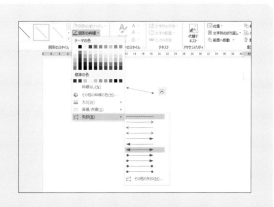

06 図形に影や反射などの効果を設定する

書式

図形には、影や反射、光彩、ぼかし、面取り、3-D回転といった効果を設定することができます。

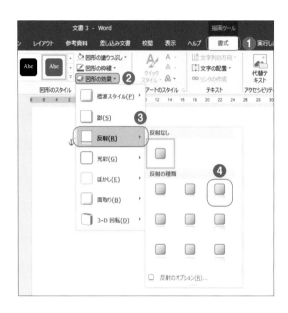

1 効果の種類を選択する

図形をクリックして選択し、[描画ツール]の[書式]タブをクリックして❶、[図形のスタイル]グループの[図形の効果]をクリックし❷、効果の種類をクリックして❸、目的の効果をクリックします❹。

07 図形にスタイルを設定する

書式

図形には、塗りつぶしの色、枠線の色、効果が組み合わされた「スタイル」が豊富に用意されているので、かんたんに書式を整えることができます。

1 スタイルの一覧を表示する

図形をクリックして選択し、[描画ツール]の[書式]タブをクリックして❶、[図形のスタイル]グループの[その他]をクリックします❷。

2 スタイルを選択する

目的のスタイルをクリックします❶。

08 図形の既定の書式を変更する

書式

図形を作成したときに設定される書式は、変更することができます。この設定は、同じファイルで有効になります。

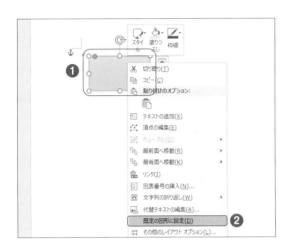

1 既定の図形に設定する

図形の書式を設定して、図形を右クリックし**❶**、[既定の図形に設定]をクリックします**❷**。

09 図形に文字を入力する

文字

四角形や円、ブロック矢印などの図形には、文字を入力することができます。フォントやフォントサイズなどの書式は、[ホーム]タブで変更できます。

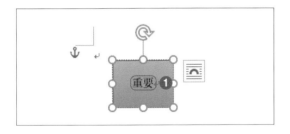

1 文字を入力する

図形をクリックして選択し、文字を入力します**❶**。

10 図形の文字の縦の配置を変更する

文字

既定では、図形に文字を入力すると、上下中央に配置されます。位置は、上揃えや下揃えに変更することもできます。

1 位置を選択する

図形を選択し、[描画ツール]の[書式]タブをクリックして**❶**、[テキスト]グループの[文字の配置]をクリックし**❷**、位置を選択します**❸**。

> 左揃え、右揃えなど、横の配置を変更する場合は、[ホーム]タブの[フォント]グループを利用します。

11 図形の種類を変更する

編集

図形を作成し、書式を設定した後に、図形の種類を変更したい場合は、再度作成する必要はありません。書式を保持したまま、図形の種類を変更することができます。

1 変更後の図形の種類を選択する

図形をクリックして選択し、[描画ツール]の[書式]タブをクリックして❶、[図形の挿入]グループの[図形の編集]をクリックし❷、[図形の変更]をクリックして❸、目的の図形の種類をクリックします❹。

12 図形を移動する

編集

図形を移動するには、目的の位置までドラッグします。また、⬅➡⬆⬇でも移動できます。

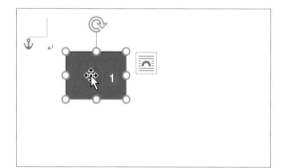

1 図形にマウスポインターを合わせる

図形にマウスポインターを合わせます❶。

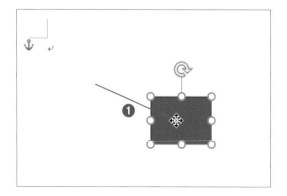

2 図形をドラッグして移動する

目的の位置までドラッグします❶。

📋 [Shift]を押しながらドラッグすると、水平・垂直に移動できます。

13 図形のサイズを変更する

編集

図形のサイズを変更するには、図形の周囲の白いハンドルをドラッグします。

① ハンドルにマウスポインターを合わせる

図形を選択し、周囲の白いハンドルにマウスポインターを合わせます①。

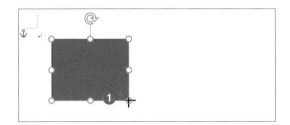

② 図形をドラッグしてサイズを変更する

目的の大きさになるまでドラッグします①。

 四隅のハンドルにマウスポインターを合わせて、 Shift を押しながらドラッグすると、縦横比を保持してサイズを変更できます。

 ワンポイントアドバイス

図形のサイズを数値で指定したい場合は、図形を選択して、[描画ツール]の[書式]タブをクリックし、[サイズ]グループの[図形の高さ]欄と[図形の幅]欄にそれぞれ数値を入力します。

14 図形を回転させる

編集

図形を回転させる場合は、図形を選択すると上部に表示される矢印のハンドルをドラッグします。

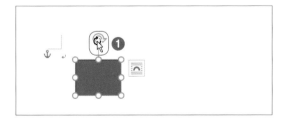

① ハンドルにマウスポインターを合わせる

図形を選択し、矢印のハンドルにマウスポインターを合わせます①。

② 図形をドラッグして回転させる

目的の角度になるまでドラッグします①。

15 図形を変形させる

矢印の矢の部分のサイズを変更したり、星の中心部分のサイズを変更したり、一部の図形は変形することができます。

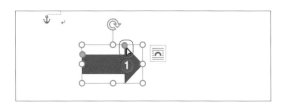

1 ハンドルにマウスポインターを合わせる

図形を選択し、黄色いハンドルにマウスポインターを合わせます❶。

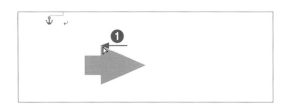

2 図形をドラッグして変形させる

目的の形になるまでドラッグします❶。

16 背面に隠れた図形を選択する

他の図形や画像に隠れて見えない図形を選択するには、[選択]ウィンドウを利用します。ページに配置されているオブジェクトが一覧で表示されます。

1 [選択]ウィンドウを表示する

[ホーム]タブをクリックし、[編集]グループの[選択]をクリックして❶、[オブジェクトの選択と表示]をクリックします❷。

2 目的の図形を選択する

オブジェクトの一覧が表示されるので、目的の図形をクリックして選択します❶。

17 図形の重なり順を変更する

編集

複数の図形を作成したとき、新しく作成したものが上に配置されます。図形の重なり順は、変更することができます。

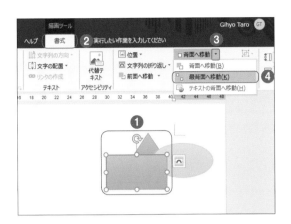

1 最背面に移動する

図形をクリックして選択し❶、[描画ツール]の[書式]タブをクリックして❷、[配置]グループの[背面へ移動]の⬇をクリックし❸、[最背面へ移動]クリックします❹。

 ワンポイントアドバイス

上の手順で[背面へ移動]をクリックすると、1段階背面へ移動します。
また、図形を前面へ移動したい場合は、図形をクリックして選択し、[描画ツール]の[書式]タブをクリックして、[配置]グループの[前面へ移動]の⬇をクリックし、[前面へ移動]または[最前面へ移動]をクリックします。

18 複数の図形を選択する

編集

複数の図形を選択する場合は、[Shift]を押しながら図形をクリックします。また、選択する図形の数が多い場合は、下の手順で行います。

1 [オブジェクトの選択]を利用する

[ホーム]タブをクリックし、[編集]グループの[選択]をクリックして❶、[オブジェクトの選択]をクリックします❷。

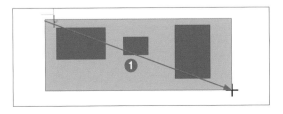

2 図形をドラッグして選択する

目的の図形がすべて囲まれるようにドラッグします❶。

19 複数の図形の位置を揃える
編集

図などを作成しているときに、複数の図形の位置がずれていると見映えがよくないので、図形の端や中央で配置を揃えます。

1 図形を整列させる

図形を選択し、[描画ツール]の[書式]タブをクリックして❶、[配置]グループの[配置]をクリックし❷、揃える位置を選択します❸。

 ワンポイントアドバイス

用紙の左右中央に図形を揃えたい場合は、上の画面で[用紙に合わせて配置]をクリック　してオンにしてから、[左右中央揃え]をクリックします。

20 複数の図形を等間隔で配置する
編集

図などを作成しているときに、複数の図形の間隔がずれていると見映えがよくないので、左右や上下の間隔を揃えます。

1 図形の間隔を揃える

図形を選択し、[描画ツール]の[書式]タブをクリックして❶、[配置]グループの[配置]をクリックし❷、[左右に整列]または[上下に整列]を選択します❸。

21
(編集)

複数の図形をまとめる

複数の図形は、「グループ化」しておくと、移動やコピーなどの編集を効率的に行えます。

1 図形をグループ化する

図形を選択し、[描画ツール]の[書式]タブをクリックして❶、[配置]グループの[オブジェクトのグループ化]をクリックし❷、[グループ化]をクリックします❸。

> グループ化を解除するには、グループ化した図形を選択して、左の画面で[グループ解除]をクリックします。

22
(テキストボックス)

テキストボックスを作成する

文字を自由に配置できるようにするには、「テキストボックス」を利用します。テキストボックス内の文字の書式は、本文と同様の手順で設定できます。

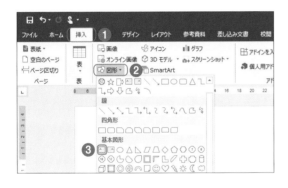

1 テキストボックスを選択する

[挿入]タブをクリックして❶、[図]グループの[図形]をクリックし❷、[テキストボックス]をクリックします❸。

> 縦書きの場合は[縦書きテキストボックス]をクリックします。

2 テキストボックスを作成する

クリックすると、テキストボックスが作成されます❶。

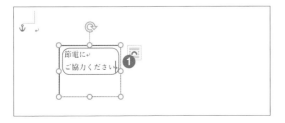

3 文字を入力する

文字を入力します❶。

> テキストボックスの塗りつぶしや枠線の色などの書式は、図形と同様の手順で設定できます（p.95参照）。

作例書類の
つくり方

ワード・エクセルで書類をつくるために覚えておくと便利な操作について
解説します。紹介されている手順を参考にすれば、本書の作例を
つくるのに必要な操作だけでなく、さまざまな書類をつくるのに役立ちます。

---

01 表をテーブルとして設定する

作例は p.20

表をテーブルとして設定すると、先頭行を区別して見やすくしたり、集計行を追加したりすることができます。

① セル範囲を選択する

セル範囲［A3:N8］をドラッグして選択し❶、［ホーム］タブをクリックします❷。

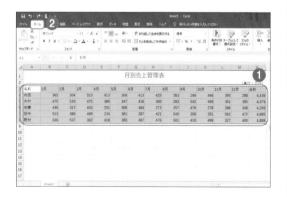

② テーブルスタイルを選択する

［スタイル］グループの［テーブルとして書式設定］をクリックし❶、［緑、テーブルスタイル（中間）10］をクリックします❷。

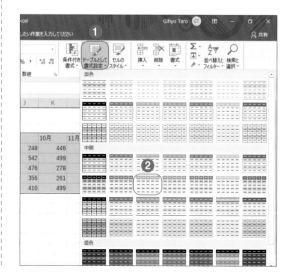

3 先頭行を見出しとして設定する

[先頭行をテーブルの見出しとして使用する]をオンにし**①**、[OK]をクリックします**②**。

4 テーブルスタイルを編集する

[テーブルツール]の[デザイン]タブをクリックして**①**、[テーブルスタイルのオプション]グループの[集計行]をオンにし**②**、[最後の列]をオンにします**③**。

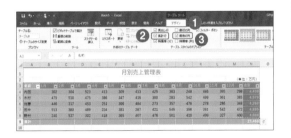

5 各月の合計を表示する

セル[B9]をクリックして、▼をクリックし**①**、[合計]をクリックします**②**。

📋 合計のほかにも、平均や最大値、最小値などを表示させることもできます。

6 セルをコピーする

セル[B9]のフィルハンドルにマウスポインターを合わせ、セル[M9]までドラッグして、セルをコピーします**①**。

---

02 ヘッダー・フッターを挿入する

作例は p.22

すべてのページの上部(ヘッダー)や下部(フッター)には、日付やページ番号、文字列などを挿入して印刷することができます。

1 ヘッダー・フッターを編集できるようにする

[挿入]タブをクリックし**①**、[テキスト]グループの[ヘッダーとフッター]をクリックします**②**。

2 ヘッダー左側に日付を挿入する

ヘッダーの左側のボックスをクリックし**①**、[ヘッダー/フッターツール]の[デザイン]タブをクリックして**②**、[ヘッダー/フッター要素]グループの[現在の日付]をクリックします**③**。

③ ヘッダー中央に文字列を入力する

ヘッダーの中央のボックスをクリックして、「営業顧客名簿」と入力します❶。

④ フッターにページ番号とページ数を挿入する

[ヘッダー/フッターツール]の[デザイン]タブをクリックして❶、[ヘッダーとフッター]グループの[フッター]をクリックし❷、[1/?ページ]をクリックします❸。

⑤ ページ番号とページ数が挿入された

フッターにページ番号とページ数が表示されました❶。

ワンポイントアドバイス

ヘッダー・フッターを編集するときは、[ページレイアウトビュー]に切り替わります。[表示]タブの[ブックの表示]グループの[標準]をクリックすると、[標準ビュー]に戻ります。

---

03 空欄の場合のエラーを非表示にする

作例は p.26

数式や関数の参照先のセルが空欄になっていると、エラーが表示されてしまうので、IF関数を利用して、エラーが表示されないようにします。

① 「商品名」欄にIF関数を入力する

セル[B19]をクリックして選択し❶、数式の「=」の次に「IF(A19="","",」と入力して❷、末尾に「)」と入力します❸。 Enter を押し、セル[B31]まで数式をコピーします。

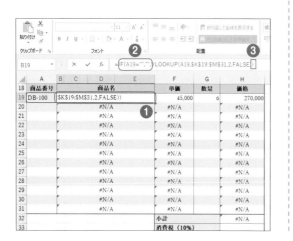

② 「単価」欄と「価格」欄に IF関数を入力する

同様にセル[F19]にIF関数を入力して❶、セル[F31]まで数式をコピーします。セル[H19]にもIF関数を入力して❷、セル[H31]まで数式をコピーします。

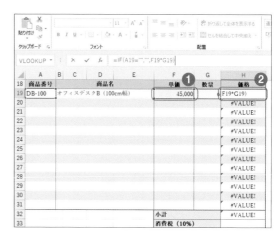

04 数式が編集されないように保護する

作例は
p.26

数式が変更されたり、入力欄以外に余計なデータが入力されたりしないように、シートを保護します。シートの保護を解除するときに、パスワードを要求するようにすることもできます。

1 編集を許可するセルを選択する

編集を許可するセルを **Ctrl** を押しながらクリックして選択します❶。

📋 p.26の作例では、セル範囲 [H3:H4]、セル [A6]、[A8]、[C8]、[C9]、 セル範囲 [A19:A31]、 セル範囲 [G19:G31] を編集可能にしています。

2 セルのロックを解除する

[ホーム]タブの[セル]グループの[書式]をクリックし❶、[セルのロック]をクリックします❷。 選択したセルのロックが解除されます。

3 [シートの保護]ダイアログボックスを表示する

[校閲]タブをクリックし❶、[保護]グループの[シートの保護]をクリックします❷。[シートの保護]ダイアログボックスが表示されます。

4 パスワードと許可する操作を設定する

シートの保護を解除するためのパスワード(作例では「excel2019」)を入力して❶、シートを保護した後に許可する操作をオンにし❷、[OK]をクリックします❸。

5 パスワードを確認する

再度パスワードを入力し❶、[OK]をクリックします❷。

05 シートをコピーする

エクセルのシートは、同じブックや他のブックにコピーすることができます。内容が似ている書類は、シートをコピーして編集すると、効率的に作成できます。

① ［シートの移動またはコピー］ダイアログボックスを表示する

シート見出しを右クリックし❶、［移動またはコピー］をクリックします❷。

② 挿入先を指定する

［移動先ブック名］でコピーするシートのブックを指定し❶、［挿入先］でシートの挿入先を指定して❷、［コピーを作成する］をオンにし❸、［OK］をクリックします❹。

③ シートの名前を変更する

コピーされたシート見出しをダブルクリックし、シート見出しを変更します❶。

④ シートの保護を解除する

［校閲］タブをクリックし❶、［保護］グループの［シート保護の解除］をクリックします❷。

> 📋 p.29の作例では、シートが保護されている見積書をコピーして納品書を作成しているので、納品書を編集できるようにシートの保護を解除します。

⑤ パスワードを入力する

シートの保護を解除するためのパスワード（作例では「excel2019」）を入力して❶、［OK］をクリックします❷。

⑥ 文字と色を変更する

文書の内容を納品書に変更し、フォントや罫線の色を変更します❶。

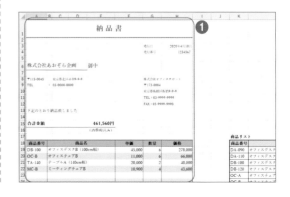

06 他のシートのセルと同じデータを表示させる

作例は p.29

p.29の作例で、見積書のシートに入力したデータが、納品書のシートの該当セルにも表示されるようにします。

1 データを表示するセルを指定する

シート[納品書]のセル[H4]をクリックし、「=」を入力します❶。

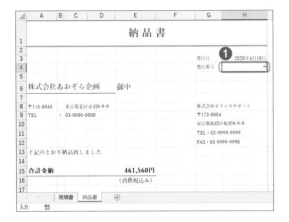

2 参照するシートとセルを指定する

シート[見積書]のシート見出しをクリックして❶、セル[H4]をクリックし❷、 Enter を押します。

> **ワンポイントアドバイス**
>
> セル[A6]、[A8]、[C8]、[C9]、セル範囲[A19:H31]も、同様にシート[見積書]のセルを参照させます。

07 セルに「0」を表示させない

作例は p.29

p.29の作例で、見積書の「商品番号」と「数量」のセルが空欄の場合に、納品書には「0」と表示されるので、「0」が非表示になるように設定します。

1 [ファイル]タブを表示する

[ファイル]タブをクリックします❶。

2 [Excelのオプション] ダイアログボックスを表示する

[オプション]をクリックします❶。

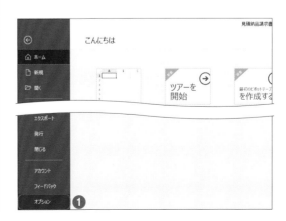

③ 「0」を非表示にする

[詳細設定]をクリックして❶、[次のシートで作業するときの表示設定]で[納品書]が選択されていることを確認し❷、[ゼロ値のセルにゼロを表示する]をオフにして❸、[OK]をクリックします❹。

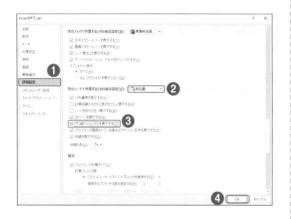

④ 請求書を作成する

シート[納品書]をコピーして、文字や色を変更し、請求書を作成します❶。

💡 **ワンポイントアドバイス**

見積書と同じデータを表示させるようにしておくと、見積書のデータを更新したときに納品書と請求書も自動的に修正されます。見積書と納品書で違うデータを入力したい場合は、必要に応じて、「商品名」「単価」「価格」欄に再度数式を入力してください。

---

08 文書に透かし文字を挿入する

作例は
p.30

文書の背景には、「社外秘」「回覧」などの透かし文字を入れることができます。透かし文字は、あらかじめ用意されているものから選択できる他、文字を指定することもできます。

① [透かし]ダイアログボックスを表示する

[デザイン]タブをクリックして、[ページ背景]グループの[透かし]をクリックし❶、[ユーザー設定の透かし]をクリックします❷。

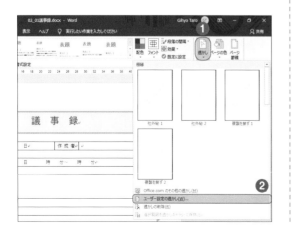

② 透かしの設定を行う

[テキスト]をクリックして❶、[テキスト]で目的の文字を選択または入力し❷、書式を設定して❸、[OK]をクリックします❹。

09 段落に罫線と背景の色を設定する

作例は p.30

ワードで文書のタイトルを目立たせたいときに、段落に罫線や背景の色を設定すると、シンプルなデザインにすることができます。

1 [線種とページ罫線と網かけの設定] ダイアログボックスを表示する

段落を選択して、[ホーム]タブをクリックし、[段落]グループの[罫線]□□・の・をクリックして❶、[線種とページ罫線と網かけの設定]をクリックします❷。

2 段落罫線を設定する

[罫線]タブをクリックして❶、[種類]で罫線の種類を選択し❷、[色]で罫線の色を選択して❸、[線の太さ]で罫線の太さを選択します❹。[プレビュー]で段落の上下だけに罫線が引かれるようにボタンをクリックして❺、[設定対象]で[段落]を選択し❻、[OK]をクリックします❼。

[プレビュー]の各ボタンをクリックすると、罫線のオン/オフを切り替えることができます。また、[設定対象]で[文字]を選択すると、選択した文字だけに罫線を設定できます。

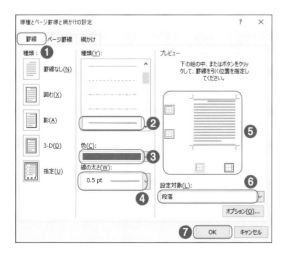

3 背景の色を設定する

[網かけ]タブをクリックして❶、[背景の色]で色を選択し❷、[設定対象]で[段落]を選択して❸、[OK]をクリックします❹。

 ワンポイントアドバイス

[線種とページ罫線と網かけの設定]ダイアログボックスの[網かけ]タブの[網かけ]では、網かけや斜線、格子などの模様を設定することができます。[種類]で模様の種類を選択し、[色]で模様の色を選択します。

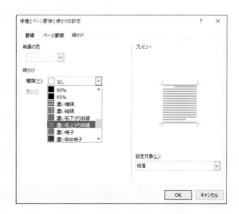

<table>
<tr><td>10</td><td colspan="2">## 表の罫線の太さを変更する</td><td>作例は
p.32</td></tr>
</table>

ワードの文書に挿入した表の罫線は、[表ツール]の[デザイン]タブの[飾り枠]グループで、太さや色、種類を設定することができます。

1 罫線の太さを設定する

表内をクリックして、[表ツール]の[デザイン]タブをクリックし**①**、[飾り枠]グループの[ペンの太さ]の⌄をクリックして**②**、[1.5pt]をクリックします**③**。

📋 [飾り枠]グループでは、罫線の種類や色も設定できます。

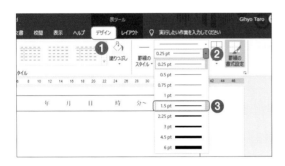

2 太さを変更する罫線を指定する

マウスポインターが✐に変わるので、太さを変更したい罫線をドラッグします**①**。Escを押すと、マウスポインターの形が元に戻ります。

📋 表内の罫線以外の部分をドラッグすると、新たに罫線を追加できます。

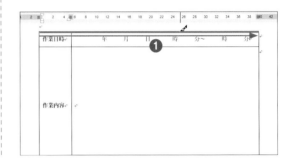

<table>
<tr><td>11</td><td colspan="2">## 日程表の日付と曜日を表示する</td><td>作例は
p.34</td></tr>
</table>

年と月を入力すると、曜日が自動的に切り替わるようにします。

1 1日の日付を表示する

セル[B4]をクリックし**①**、数式として「=DATE(B3,E3,1)」と入力して**②**、Enterを押します。

📋 「DATE関数」は、特定の日付をシリアル値（日付と時刻を管理するための数値）で返す関数で、「DATE=(年,月,日)」の書式で入力します。

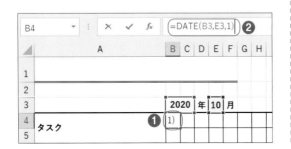

2 日付を確認する

日付が表示されたことを確認します**①**。セル[B4]をクリックして、Ctrl+1を押し、[セルの書式設定]ダイアログボックスを表示します。

📋 日付が表示されるように、列幅を広げています。

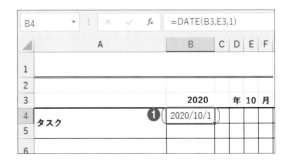

3 日だけを表示する

[表示形式]タブをクリックして❶、[分類]欄で[ユーザー定義]をクリックし❷、[種類]欄に「d」と入力して❸、[OK]をクリックします❹。

4 2日の日付を表示する

セル[C4]をクリックし❶、数式として「=B4+1」と入力し❷、Enterを押します。

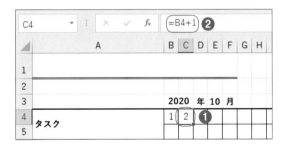

5 3日以降の日付を表示する

セル[C4]をセル[AF4]までコピーします❶。

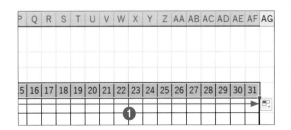

6 曜日欄に日を表示する

セル[B5]をクリックし❶、数式として「=B4」と入力します❷。

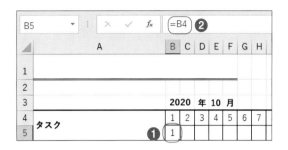

7 曜日を表示する

[セルの書式設定]ダイアログボックスを表示し、[表示形式]タブをクリックして❶、[分類]欄で[ユーザー定義]をクリックし❷、[種類]欄に「aaa」と入力して❸、[OK]をクリックします❹。

8 曜日をコピーする

セル[B5]をセル[AF5]までコピーします❶。

113

12 入力した値によって文字の色を変える

作例は p.36

p.36の作例では、条件付き書式を利用して、シフト区分の「A」「B」「C」「休」「有」のそれぞれで、自動的に文字の色が変わるように設定しています。

1 ［新しい書式ルール］ダイアログボックスを表示する

セル範囲［E5:AH20］を選択し、［ホーム］タブをクリックして①、［スタイル］グループの［条件付き書式］をクリックし②、［新しいルール］をクリックします③。

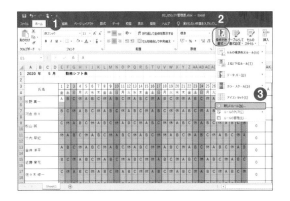

2 書式ルールを設定する

［指定の値を含むセルだけを書式設定］をクリックして①、［次のセルのみを書式設定］で［セルの値］を選択し②、［次の値に等しい］を選択して③、右のボックスに「A」と入力し④、［書式］をクリックします⑤。

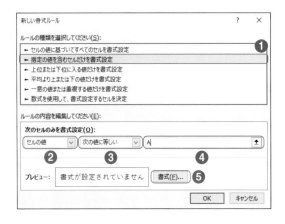

3 書式を設定する

［フォント］タブをクリックして①、［色］で青色を選択し②、［OK］をクリックします③。

4 ［新しい書式ルール］ダイアログボックスを閉じる

［プレビュー］で書式を確認し①、［OK］をクリックします②。

同様の手順で、セルの値が「B」「C」「休」「有」の場合のそれぞれの文字の色を設定します。

13 SmartArtを挿入する

作例は
p.42

SmartArtを利用すると、階層構造やピラミッドなどの図表をかんたんに作成できます。ここではワードを使用していますが、エクセルでも同様の操作で作成できます。

1 ［SmartArtグラフィックの選択］ダイアログボックスを表示する

［挿入］タブをクリックし❶、［図］グループの［SmartArt］をクリックします❷。

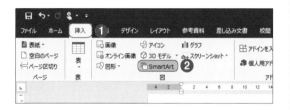

2 レイアウトを選択する

［手順］をクリックして❶、［基本ステップ］をクリックし❷、［OK］をクリックします❸。

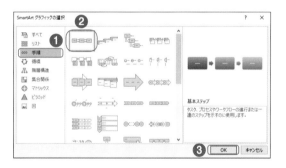

3 図形を追加する

SmartArtが挿入されました。図形が選択されている状態で、［SmartArtツール］の［デザイン］タブをクリックし❶、［グラフィックの作成］グループの［図形の追加］の▾をクリックして❷、［後に図形を追加］をクリックします❸。

4 図形が追加された

図形が追加されました❶。同様にあと2個図形を追加します❷。SmartArtの四隅のハンドルにマウスポインターを合わせます❸。

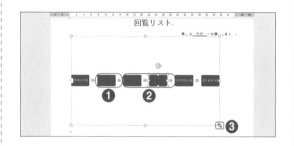

5 SmartArtのサイズを変更する

SmartArtが目的のサイズになるまでハンドルをドラッグします❶。

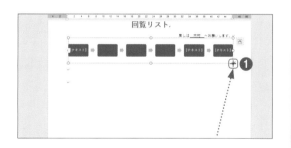

ワンポイントアドバイス

SmartArtを削除するには、SmartArtの枠線をクリックして選択し、Deleteを押します。
また、SmartArtのレイアウトを変更するには、SmartArtを選択し、［SmartArtツール］の［デザイン］タブの［レイアウト］グループから目的のレイアウトを選択します。一覧に目的のレイアウトが表示されない場合は、［その他のレイアウト］をクリックすると、［SmartArtグラフィックの選択］ダイアログボックスが表示されます。

作例は
p.42

14 SmartArtの色を変更する

SmartArt全体の色を変更するには、[色の変更]を利用します。カラフルや単色のグラデーションなど、さまざまな配色バリエーションが用意されています。

1 SmartArtを選択する

SmartArtをクリックして選択します❶。

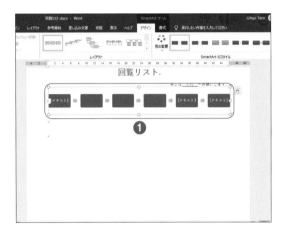

2 色を選択する

[SmartArtツール]の[デザイン]タブをクリックし
❶、[SmartArtのスタイル]グループの[色の変更]をクリックして❷、[枠線のみ-アクセント2]をクリックします❸。

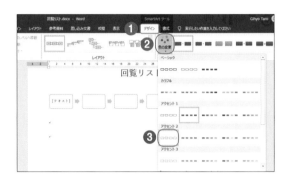

作例は
p.42

15 SmartArtの図形のサイズを変更する

p.42の作例を作成する場合、角丸四角形の既定のサイズでは高さが足りないので、角丸四角形のサイズを変更します。

1 角丸四角形を選択する

[Ctrl]を押しながら、すべての角丸四角形をクリックして選択し、選択したいずれかの角丸四角形の下中央のハンドルにマウスポインターを合わせます❶。

複数の図形を選択してから、図形のサイズを変更すると、選択したすべての図形のサイズが変更されます。

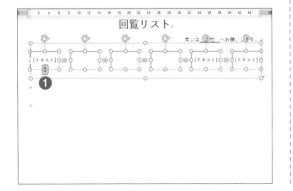

2 角丸四角形のサイズを変更する

目的のサイズになるまで、ハンドルをドラッグします❶。

図形のサイズを数値で指定する場合は、図形を選択して、[SmartArtツール]の[書式]タブをクリックし、[サイズ]グループの[高さ]と[幅]のボックスにそれぞれ数値を入力します。

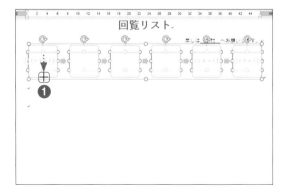

16 SmartArtの文字の書式を設定する

作例は p.42

SmartArtに文字を入力して、フォント、フォントサイズ、文字の垂直方向の配置の書式を設定します。

1 SmartArtに文字を入力する

図形をクリックして選択し、文字を入力します❶。他の図形にも文字を入力します❷。

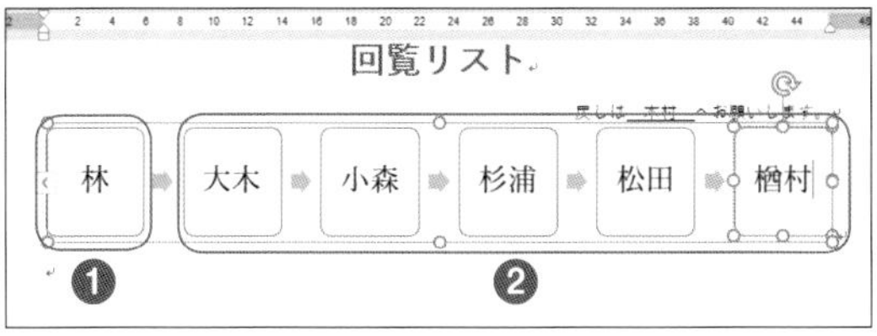

2 フォントを変更する

SmartArtの枠線をクリックして選択し、[ホーム]タブをクリックして❶、[フォント]グループの[フォント]の▾をクリックし❷、[游ゴシックLight]をクリックします❸。

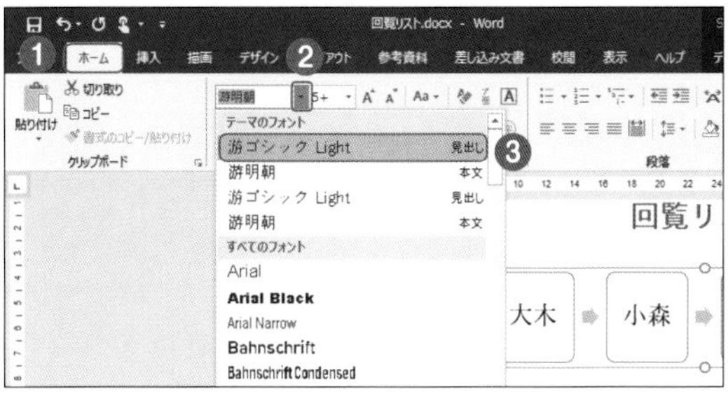

3 フォントサイズを変更する

[ホーム]タブをクリックして❶、[フォント]グループの[フォントサイズ]の▾をクリックし❷、[11]をクリックします❸。

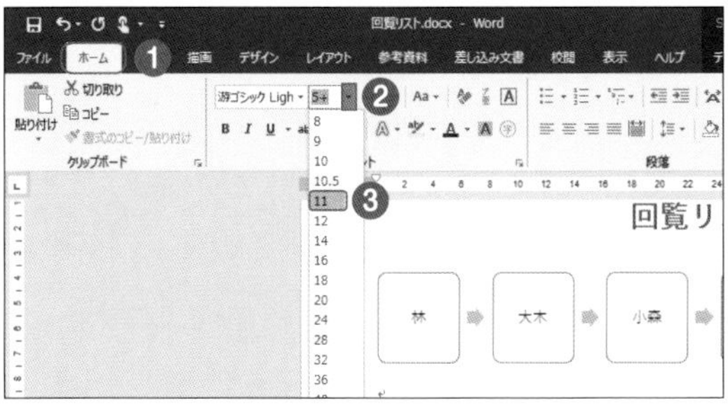

4 [図形の書式設定]ウィンドウを表示する

Ctrlを押しながらすべての角丸四角形をクリックして選択し、[SmartArtツール]の[書式]タブをクリックして❶、[ワードアートのスタイル]グループのダイアログボックス起動ツール◲をクリックします❷。

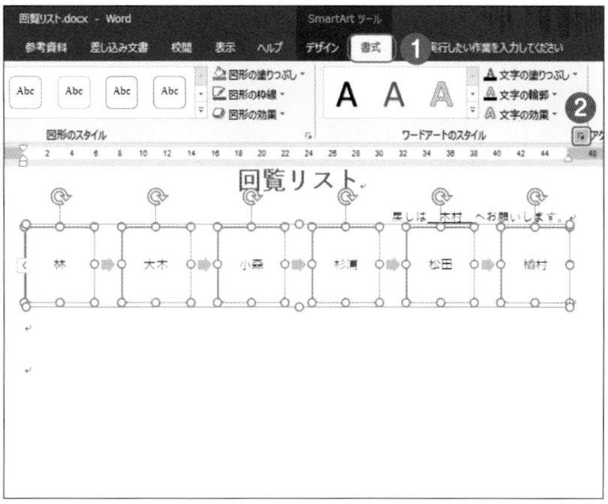

5 文字の垂直方向の配置を変更する

[文字のオプション]をクリックして❶、[レイアウトとプロパティ]をクリックし❷、[テキストボックス]の[垂直方向の配置]の▾をクリックして❸、[上揃え]をクリックします❹。

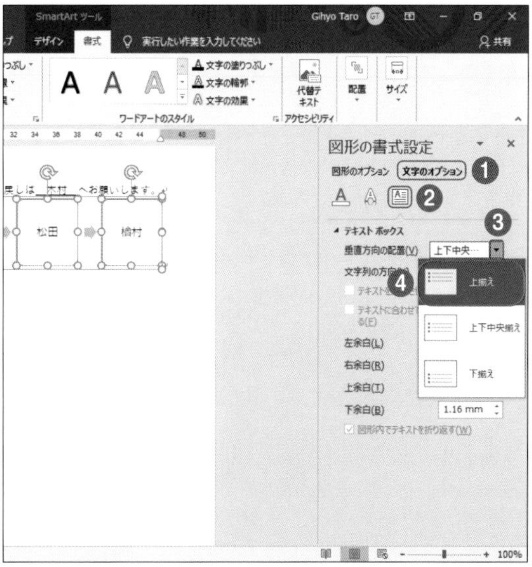

ページ全体を罫線で囲む

作例は
p.44

「ページ罫線」を利用すると、ページ全体を罫線で囲むことができます。罫線は、種類や色、太さを設定できます。

1 [線種とページ罫線と網かけの設定]
ダイアログボックスを表示する

[デザイン]タブをクリックして、[ページの背景]グループの[ページ罫線]をクリックします**❶**。

2 ページ罫線を設定する

[囲む]をクリックして**❶**、[種類]欄で罫線の種類を選択し**❷**、[色]欄で罫線の色を選択して**❸**、[線の太さ]欄で罫線の太さを選択し**❹**、[OK]をクリックします**❺**。

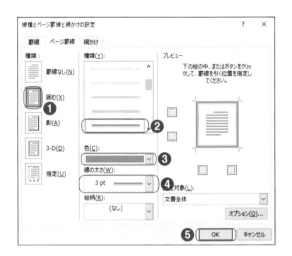

デザインされた文字を挿入する

作例は
p.44

「ワードアート」を利用すると、縁取りや影などが設定された文字をかんたんに作成できます。

1 ワードアートのスタイルを選択する

[挿入]タブをクリックして、[テキスト]グループの[ワードアートの挿入]をクリックし**❶**、ワードアートのスタイルを選択します**❷**。

2 文字を入力する

ワードアートが挿入されるので、文字を入力します**❶**。

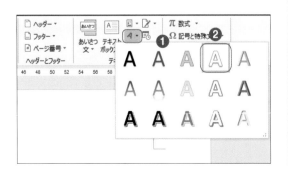

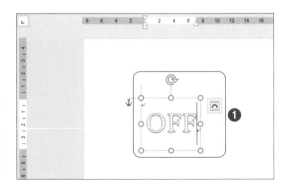

3 フォントを設定する

ワードアートの枠線をクリックして選択し、[ホーム]
タブをクリックして❶、[フォント]グループの[フォン
ト]の◦をクリックし❷、フォントを選択します❸。

4 フォントサイズを設定する

[ホーム]タブをクリックして❶、[フォント]グループの
[フォントサイズ]の◦をクリックし❷、フォントサイズ
を選択します❸。

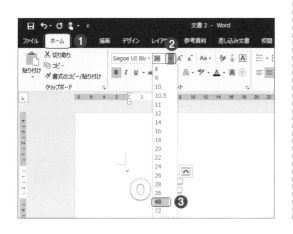

5 文字の塗りつぶしの色を設定する

[描画ツール]の[書式]タブをクリックし❶、ワード
アートのスタイル]グループの[文字の塗りつぶし]
▲・の◦をクリックして❷、色を選択します❸。

6 文字の枠線の色を設定する

[描画ツール]の[書式]タブをクリックし❶、ワード
アートのスタイル]グループの[文字の輪郭]▲・の◦
をクリックして❷、色を選択します❸。

ワンポイントアドバイス

ワートアートの位置を変更するには、ワードア
ートの枠線にマウスポインターを合わせてドラ
ッグします。サイズを変更するには、ワードア
ートの周囲の白いハンドルにマウスポインター
を合わせてドラッグします。
また、[描画ツール]の[書式]タブの[文字の
効果]からは、影や光彩、変形などを設定で
きます。

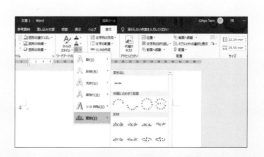

19 ページの背景を設定する

作例は
p.44

ページの背景には、塗りつぶしやグラデーション、パターンなどを設定することができます。
p.44の作例では、テクスチャを設定しています。

① [塗りつぶし効果] ダイアログボックスを表示する

[デザイン]タブをクリックして、[ページの背景]グループの[ページの色]をクリックし❶、[塗りつぶし効果]をクリックします❷。

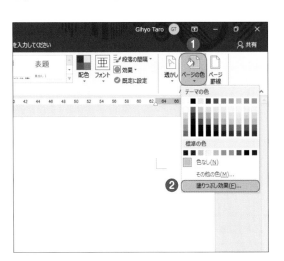

② テクスチャを設定する

[テクスチャ]タブをクリックして❶、[セーム皮]をクリックし❷、[OK]をクリックします❸。

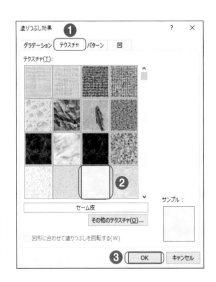

---

20 ページの背景が印刷されるようにする

作例は
p.44

ページの背景を設定した場合、既定では背景は印刷されません。背景を印刷するには、
[Wordのオプション]ダイアログボックスで設定を変更します。

① [Wordのオプション]ダイアログ ボックスを表示する

[ファイル]タブをクリックして、[オプション]をクリックします❶。

② 背景が印刷されるようにする

[表示]をクリックして❶、[背景の色とイメージを印刷する]をオンにし❷、[OK]をクリックします❸。

21 勤務時間を計算する

作例は
p.46

関数を利用して、就業時間と、時間内就業時間、時間外就業時間をそれぞれ求めます。

1 就業時間を求める計算式を入力する

セル[H10]をクリックして選択し❶、数式として
「=IF(COUNT(C10,G10)=2,G10-C10-IF(F10="",0,F10-E10),"")」と入力して❷、
Enter を押します。

📋 就業時間は、退勤時刻から出勤時刻を引き、さらに休憩開始から休憩終了の時刻を引いて求めます。さらに「IF関数」(p.106参照)を利用して、セル[C10]、[G10]の両方が入力されている場合(「COUNT(C10,G10)=2」)は計算を行い、両方が入力されていない場合は空白を表示するようにしています。

2 時間内就業時間を求める計算式を入力する

セル[I10]をクリックして選択し❶、数式として
「=IF(H10="","",MIN(J7,G10)-MAX(J6,C10)-IF(F10="",0,MIN(J7,MAX(J6,F10))-MAX(J6,MIN(J7,E10))))」と入力して❷、 Enter を押します。

📋 時間内就業時間は、時間内の勤務終了時刻-時間内の勤務開始時刻-(時間内の休憩終了時刻-時間内の休憩開始時刻)で求められます。さらに「IF関数」(p.106参照)を利用して、セル[H10]、[F10]が空白のときは計算が行われないようにしています。

3 時間外就業時間を求める計算式を入力する

セル[J10]をクリックして選択し❶、数式として
「=IF(H10="","",H10-I10)」と入力して❷、
Enter を押します。

📋 時間外就業時間は、就業時間から時間内就業時間を引いて求めます。さらに「IF関数」(p.106参照)を利用して、セル[H10]が入力されていない場合は空白を表示するようにしています。

ワンポイントアドバイス

「MIN関数」は、指定した範囲内の最小値を返す関数で、「MIN=(数値1,数値2,...)」の書式で入力します。例えば、手順2の数式内の「MIN(J7,G10)」は、セル[J7]と[G10]を比較して、数値の小さい方の値を求めています。
「MAX関数」は、指定した範囲内の最大値を返す関数で、「MAX=(数値1,数値2,...)」の書式で入力します。例えば、手順2の数式内の「MAX(J6,C10)」は、セル[J6]と[C10]を比較して、数値の大きい方の値を求めています。

22 別のシートのリストを参照してリストを設定する

作例は
p.48

リストから選択してデータを入力する場合、リストの項目が多いときには、リストを別のシートに入力して、そのデータを参照させる方法もあります。

1 元となるリストを作成する

別のシートに部署名を入力したリストを作成します**❶**。

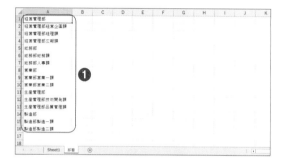

2 [データの入力規則]ダイアログボックスを表示する

セル[F2]をクリックして選択し**❶**、[データ]タブをクリックして、[データツール]グループの[データの入力規則]をクリックします**❷**。

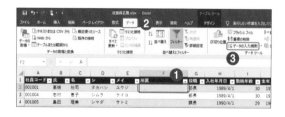

3 入力値の種類を設定する

[設定]タブをクリックして**❶**、[入力値の種類]で[リスト]を選択し**❷**、[元の値]欄をクリックします**❸**。

4 データの範囲を指定する

シート[部署]のシート見出しをクリックし**❶**、セル範囲[A1:A16]をドラッグして選択します**❷**。

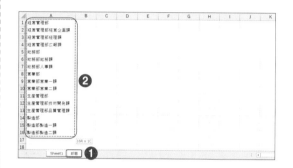

5 [データの入力規則]ダイアログボックスを閉じる

[元の値]を確認し**❶**、[OK]をクリックします**❷**。

6 ドロップダウンリストを確認する

セル[F2]を選択すると表示される▼をクリックすると**❶**、ドロップダウンリストが表示されます**❷**。

23 ラベルをコピーする

作例は
p.50

ラベルの文書のレイアウトは、表で構成されています。各セルがラベル（名刺）1枚になります。1枚の名刺を完成させたら、ほかのすべてのラベルにコピーして貼り付けます。

1 セルをコピーする

左上のセルに文字を入力して書式を設定したら、セルの外側の左下にマウスポインターが▟になるように合わせてクリックし❶、セルを選択します。Ctrl＋Cを押してセルをコピーします。

2 セルを貼り付ける

右上のセルの外側の左下にマウスポインターが▟になるように合わせてクリックし❶、セルを選択します。Ctrl＋Vを押してセルを貼り付けます。同様に2行め以降のすべてのセルにも貼り付けます。

24 用件欄の罫線を設定する

作例は
p.52

FAX送付状の用件欄は、表を挿入してから（p.31参照）、罫線の書式を変更して作成します。

1 表全体を選択する

表の左上の⊞をクリックして❶、表全体を選択します。

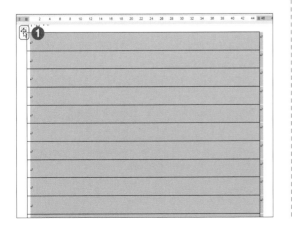

2 罫線を破線に設定する

［表ツール］の［デザイン］タブをクリックして❶、［飾り枠］グループの［ペンのスタイル］の▾をクリックし❷、破線をクリックします❸。

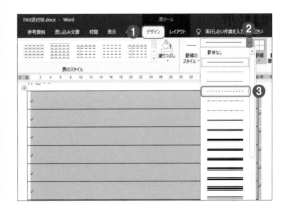

123

③ 表全体の罫線を破線に変更する

［表ツール］の［デザイン］タブをクリックして①、［飾り枠］グループの［罫線］のテキスト部分をクリックし②、［格子］をクリックします③。表全体の罫線が破線に変わります。

④ ［罫線なし］に設定する

［表ツール］の［デザイン］タブをクリックして①、［飾り枠］グループの［ペンのスタイル］の⊡をクリックし②、［罫線なし］をクリックします③。

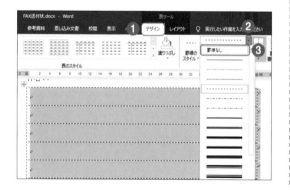

⑤ 表の上の罫線を罫線なしにする

マウスポインターが🖌に変わるので、表の上の罫線をドラッグします①。

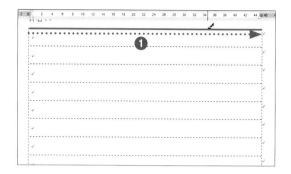

⑥ 表の縦の罫線を罫線なしにする

表の左側の罫線をドラッグし①、右側の罫線もドラッグします。 Esc を押すと、マウスポインターが元に戻ります。

ワンポイントアドバイス

ワードの表の罫線の色を変更するには、表内にカーソルを移動し、［表ツール］の［デザイン］タブをクリックして、［飾り枠］グループの［ペンの色］をクリックし、目的の色をクリックします。マウスポインターが🖌に変わるので、色を変更したい罫線をドラッグします。 Esc を押すと、マウスポインターが元に戻ります。また、表全体を選択してから罫線の色を設定し、［罫線］のテキスト部分をクリックして、該当する罫線を選択しても、色を変更できます。

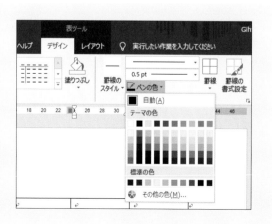

作例は
p.53

25 伝言メモをコピーする

伝言メモは、1つのメモを完成させたら、セルをコピーして貼り付けます。

1 セル範囲をコピーする

セル範囲[A1:E16]をドラッグして選択し❶、Ctrl＋Cを押してコピーします。

2 コピーしたセル範囲を貼り付ける

セル[G1]をクリックし❶、Ctrl＋Vを押して貼り付けます。

3 元の列幅を保持する

[貼り付けのオプション] (Ctrl)をクリックして❶、[元の列幅を保持]をクリックします❷。

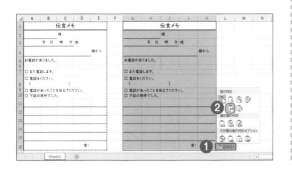

4 行をコピーする

行[1:16]をドラッグして選択し❶、Ctrl＋Cを押してコピーします。

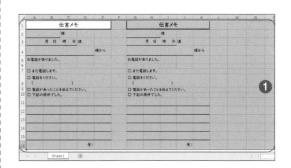

5 コピーした行を貼り付ける

行[18]の行番号をクリックし❶、Ctrl＋Vを押して貼り付けます。

6 行の高さが保持されて貼り付けられる

行の高さが保持されて貼り付けられ、伝言メモ4枚分が完成しました。

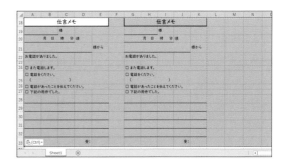

125

索引

著者紹介

稲村暢子 (いなむらのぶこ)

フリーランスのテクニカルラーター・DTPオペレーター。
おもな著書に、
『ああしたい! こうしたい! Excel&Wordでできる 見積書 顧客リスト ビジネス定番書類のつくり方』
『今すぐ使えるかんたん PowerPoint 2019』
『今すぐ使えるかんたんmimi Excel文書作成 基本&便利技
[Excel 2019/2016/2013/Office 365対応版]』
(すべて株式会社技術評論社) などがある。

じつれいまんさい
実例満載
ワード アンド エクセル
Word & Excelでできる
えいぎょう けいり そうむ つか
営業・経理・総務ですぐに使える
しょるい かた
ビジネス書類のつくり方

OK
館外貸出可

■ カバー／本文デザイン　Kuwa Design
■ カバー立体イラスト　　長谷部真美子
■ カバー写真撮影　　　　広路和夫
■ DTP　　　　　　　　　稲村暢子
■ 編集　　　　　　　　　荻原祐二

2020年3月24日　初版　第1刷発行

著者　　稲村 暢子
発行者　片岡 巌
発行所　株式会社技術評論社
　　　　東京都新宿区市谷左内町21-13
　　　　電話　03-3513-6150　販売促進部
　　　　　　　03-3513-6160　書籍編集部

印刷/ 製本 大日本印刷株式会社

定価はカバーに表示してあります。

ISBN978-4-297-11177-9　C3055
Printed in Japan

お問い合わせについて

本書に関するご質問については、本書に記載されている内容に関するもののみとさせていただきます。本書の内容と関係のないご質問につきましては、一切お答えできませんので、あらかじめご了承ください。また、電話でのご質問は受け付けておりませんので、必ずFAXか書面にて下記までお送りください。なお、ご質問の際には、必ず以下の項目を明記していただきますようお願いいたします。

1　お名前
2　返信先の住所またはFAX 番号
3　書名
　　（実例満載 Word&Excelでできる 営業・経理・総務ですぐに使えるビジネス書類のつくり方）
4　本書の該当ページ
5　ご使用のOSとWord/Excelのバージョン
6　ご質問内容

お送りいただいたご質問には、できる限り迅速にお答えできるよう努力いたしておりますが、場合によってはお答えするまでに時間がかかることがあります。また、回答の期日をご指定なさっても、ご希望にお応えできるとは限りません。あらかじめご了承くださいますよう、お願いいたします。ご質問の際に記載いただいた個人情報はご質問の返答以外の目的には使用いたしません。また、返答後はすみやかに破棄させていただきます。

お問い合わせ先

〒162-0846
東京都新宿区市谷左内町21-13
株式会社技術評論社　書籍編集部
「実例満載 Word&Excelでできる 営業・経理・総務ですぐに使えるビジネス書類のつくり方」
質問係
FAX 番号　03-3513-6167
URL:http://book.gihyo.jp/116

お問い合わせの例

FAX
1　お名前
　　技評　太郎
2　返信先の住所またはFAX 番号
　　03-XXXX-XXXX
3　書名
　　実例満載 Word&Excelでできる
　　営業・経理・総務ですぐに使える
　　ビジネス書類のつくり方
4　本書の該当ページ
　　91ページ
5　ご使用のOSとWord/Excelのバージョン
　　Windows 10
　　Excel 2019
6　ご質問内容
　　印刷タイトルを設定できない